3. Fachseminar des FA MTHz

Mikrowellen- und Terahertz-Pruftechnik in der Praxis

Berichtsband BB 161

Wurzburg, Germany
5 April 2017

ISBN: 978-1-5108-6996-7

Printed from e-media with permission by:

Curran Associates, Inc.
57 Morehouse Lane
Red Hook, NY 12571

CURRAN ASSOCIATES INC. proceedings.com

Some format issues inherent in the e-media version may also appear in this print version.

Printed by Curran Associates, Inc. (2018)

For permission requests, please contact Deutsche Gesellschaft Fuer Zerstoerungsfreie Pruefung (DGZfP) at the address below.

Deutsche Gesellschaft Fuer Zerstoerungsfreie Pruefung (DGZfP)
Max-Planck-Str. 6
12489 Berlin
Germany

Phone: +49 30 67807-0
Fax: +49 30 67807-109

mail@dgzfp.de

Additional copies of this publication are available from:

Curran Associates, Inc.
57 Morehouse Lane
Red Hook, NY 12571 USA
Phone: 845-758-0400
Fax: 845-758-2633
Email: curran@proceedings.com
Web: www.proceedings.com

TABLE OF CONTENTS

Einführung in die Mikrowellenprüftechnik

Johann H. HINKEN [1]
[1] FI Test und Messtechnik GmbH, Magdeburg
Kontakt E-Mail: johann.hinken@fitm.de

Kurzfassung

Die Mikrowellenprüftechnik zielt primär auf die Erkennung von Defekten unter der Oberfläche von Bauteilen aus elektrisch isolierenden Materialien ab. Dazu gehören u.a. schalldämpfende Kunststoffe wie PTFE, glasfaserverstärkte Kunststoffe wie GFK sowie Schäume. Bauteile aus diesen Materialien können mit Mikrowellen zerstörungsfrei auf Porositäten, Lunker, Risse, z. T. Delaminationen, Fremdmaterialeinschlüsse, fehlerhafte Klebung und Stoßschäden untersucht werden.

Unter Mikrowellen versteht man elektromagnetische Wellen mit Frequenzen von 300 MHz bis 300 GHz. Bei der Mikrowellenprüfung werden primär Unterschiede in der Dielektrizitätszahl ε_r des Grundmaterials und der zu erkennenden Defekte erkannt. Wie in der Optik treten Erscheinungen wie Brechung, Beugung und Reflexion auf. Andererseits wird die Prüfung ganz ähnlich wie die Wirbelstromprüfung durchgeführt und ausgewertet.

Es werden die technischen Grundlagen der Mikrowellenprüfung erläutert und Anwendungsbeispiele aus dem Labor und der industriellen Praxis gegeben. Das scannende und das direkt bildgebende Verfahren NIDIT werden gezeigt.

Neben der „Defektoskopie“ wird auch die zerstörungsfreie Mikrowellenmesstechnik für Lackdicken auf CFK kurz erläutert.

Die Hauptvorteile der Mikrowellenprüftechnik sind

- gegenüber der Ultraschallprüftechnik: Es ist kein Koppelmittel nötig.
- gegenüber der Röntgentechnik: Es werden nur kleine Leistungen verwendet; deshalb sind keine besonderen Sicherheitsmaßnahmen erforderlich.

Einführung in die Mikrowellenprüftechnik

Johann Hinken
FI Test- und Messtechnik GmbH, Magdeburg

3. Fachseminar des FA MTHz der DGZfP
Mikrowellen- und Terahertz-Prüftechnik in der Praxis
5. April 2017, Fraunhofer ISC, Würzburg

1. Einleitung
2. Grundlagen der Mikrowellenprüfung
3. Anwendungsbeispiele zur Mikrowellenprüfung
4. Lackdickenmessung mit Mikrowellen
5. Schluss

Mikrowellen-Prüfung zielt primär ab auf

- **die Erkennung von Defekten unter der Oberfläche von Bauteilen aus elektrisch isolierenden Materialien, dazu gehören**
- Schalldämpfende Kunststoffe wie
  - PTFE (Teflon)

  - Glasfaserverstärkte Kunststoffe GFK, Aramidfaser...

  - Schäume
- Auch Keramik, Glas, Holz, naturfaserverstärkte Kunststoffe, WPC
- Große Wandstärken, dicke Bauteile
- Porositäten, Lunker, Risse, z. T. Delaminationen, Fremdmaterialeinschlüsse, fehlerhafte Klebung, Stoßschäden, usw.
- Auch für Bestimmung von Materialeigenschaften: Harzmangel/-überschuss, Fasergehaltsschwankungen, Faserfehlorientierung

FI Test- und Messtechnik GmbH

Beispiel GFK: geeignet erscheinende herkömmliche Verfahren

- Ultraschall: Dämpfung durch Streuung an Faser-Matrix-Übergängen: „körnige" Struktur, Rayleigh-Streuung – Koppelmittel erforderlich
- Röntgen-CT: kostspielig, Schwächungswerte zwischen Grundwerkstoff GFK und Fehlern (zumeist Luft) zu gering.
- Verbesserungspotential durch Mikrowellen:
  - Gegenüber U.S.: kleinere Streudämfung wegen größerer Wellenlänge (Dämpfung durch Rayleigh-Streuung prop. $1/\lambda^4$) > größere Beobachtungstiefe, kein Koppelmittel
  - Gegenüber Röntgen-CT: vor allem preiswerter, weil keine Sicherheitsrisiken

FI Test- und Messtechnik GmbH

Grundlagen der der Mikrowellenprüfung: Spektrum der elektromagnetischen Wellen

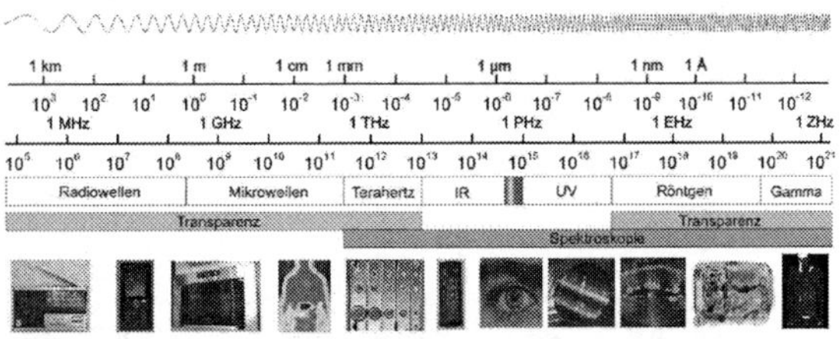

Quellen: Fraunhofer IPM (9), Smiths Detection (1), Forschungszentrum Rossendorf (1)

Mikrowellen: 300 MHz ... 300 GHz.

Terahertz (THz): > 300 GHz, Teil des Infrarot(IR)-Bereichs.

1. Einleitung
2. Grundlagen der Mikrowellenprüfung
3. Anwendungsbeispiele zur Mikrowellenprüfung
4. Lackdickenmessung mit Mikrowellen
5. Schluss

Grundlagen der Mikrowellenprüfung:

FI Test- und Messtechnik GmbH

Es werden die örtlichen Unterschiede in der Dielektrizitätszahl ε_R des transparenten Materials genutzt.
---> Brechung, Beugung und Reflexion, wie in der Optik.

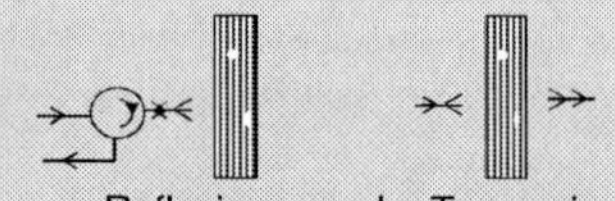

zwei Prinzipien sind möglich: Reflexion und Transmission

1. Einleitung
2. Grundlagen der Mikrowellenprüfung
3. Anwendungsbeispiele zur Mikrowellenprüfung
4. Lackdickenmessung mit Mikrowellen
5. Schluss

Grundlagen der Mikrowellenprüfung:

FI Test- und Messtechnik GmbH

Handgerät FMH1

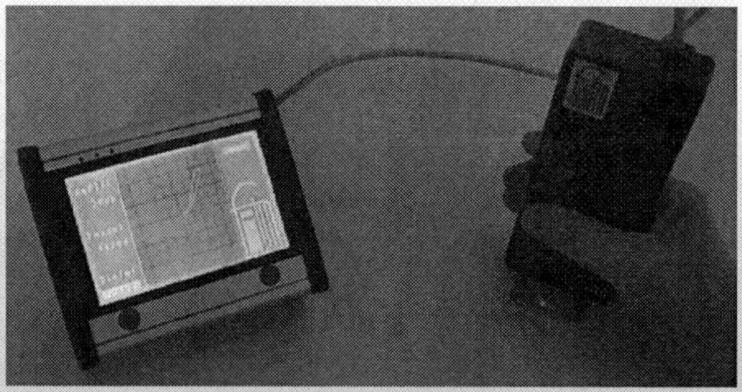

FI Test- und Messtechnik GmbH

Grundlagen der Mikrowellenprüfung:

Die Anzeigen enthalten Informationen zu Defektgröße und Tiefenlage.

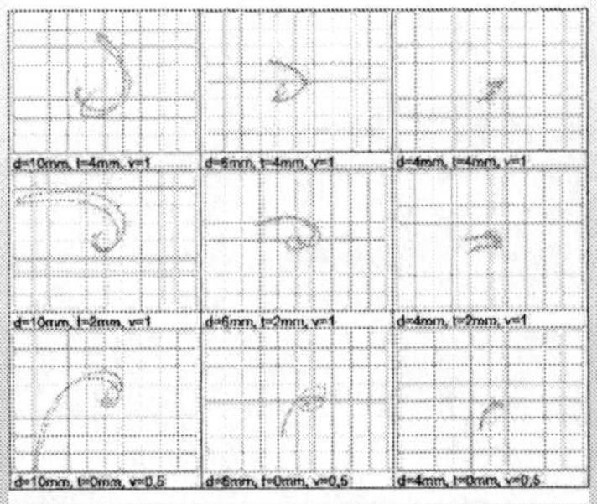

PP-Platte, 10mm dick, mit Flachbodenbohrungen (FBH): Durchmesser d, Restwandstärke t, Verstärkung v.

Darstellung des Reflexionsfaktors in komplexer Ebene, gemessen von verdeckter Seite.

J. H. Hinken und D. Beilken: Mikrowellen-Defektoskopie mit erweitertem Wirbelstromprüfsystem. Magdeburg, 2005

1. Einleitung
2. Grundlagen der Mikrowellenprüfung
3. Anwendungsbeispiele zur Mikrowellenprüfung
4. Lackdickenmessung mit Mikrowellen
5. Schluss

FI Test- und Messtechnik GmbH

Grundlagen der Mikrowellenprüfung:

Darstellung nach Art eines C-Scans. Die Farben sind entweder dem x-Wert, dem y-Wert, dem Winkel oder Weite der Auslenkung vom Nullpunkt zugeordnet.

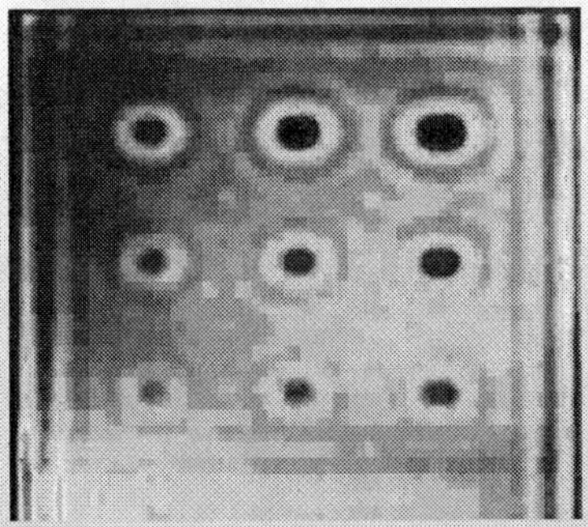

PP-Platte, 10mm dick, mit Flachbodenbohrungen

Von oben nach unten:
Durchm. d=10, 6, und 4mm
Von links nach rechts:
Überdeckung t=4, 2, and 0 mm

Dargestellt ist der y-Wert (Imaginärteil) des Reflexionsfaktors.

1. Einleitung
2. **Grundlagen der Mikrowellenprüfung**
3. Anwendungsbeispiele zur Mikrowellenprüfung
4. Lackdickenmessung mit Mikrowellen
5. Schluss

Grundlagen der Mikrowellenprüfung:
Sonden = Antennen

FI Test- und Messtechnik GmbH

Koaxialsonde für höhere Ortsauflösung

Hohlleitersonde mit Blende für größere Beobachtungstiefen

Offener Hohlleiter und Linse für Beobachtungstiefen bis 60 mm

1. Einleitung
2. Grundlagen der Mikrowellenprüfung
3. **Anwendungsbeispiele zur Mikrowellenprüfung**
4. Lackdickenmessung mit Mikrowellen
5. Schluss

Anwendungsbeispiele zur Mikrowellenprüfung:

FI Test- und Messtechnik GmbH

Handgerät FMH1

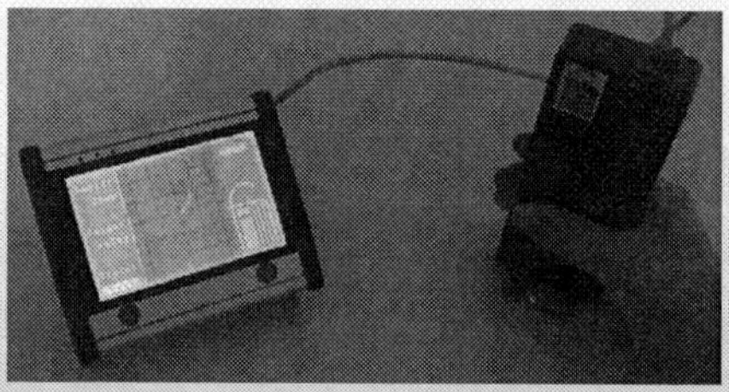

Vorschaltgerät FVG: spezielle Ausführungsform des FMH1 mit Anschluss an Wirbelstrompüfgerät.

FI Test- und Messtechnik GmbH

Mikrowellenprüfsystem für Verbundplatten

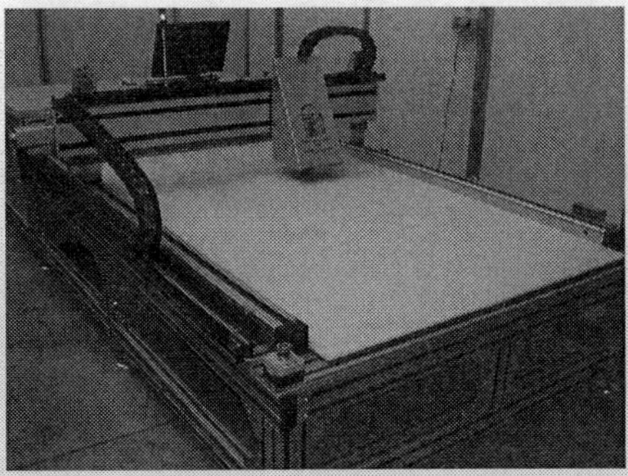

FI Test- und Messtechnik GmbH

ZfP von FVK
Beispiel: GfK-Blattfeder

Mercedes Sprinter

Volkswagen Crafter

Mit GfK-Blattfedern an der Vorderachse

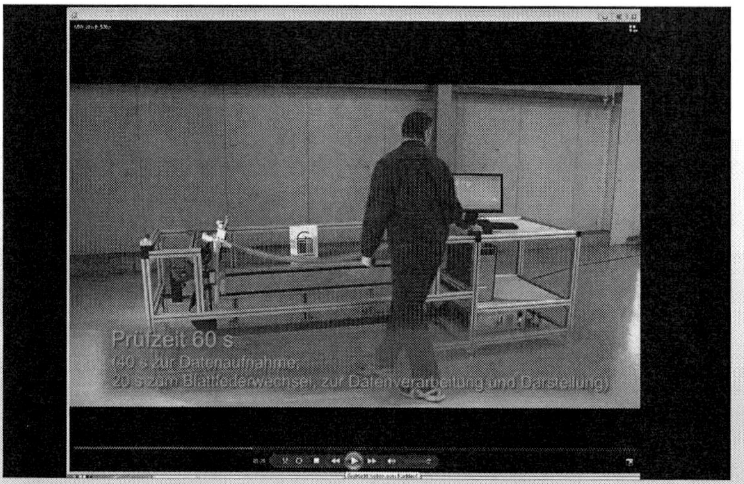

Handscanner

FI Test- und Messtechnik GmbH

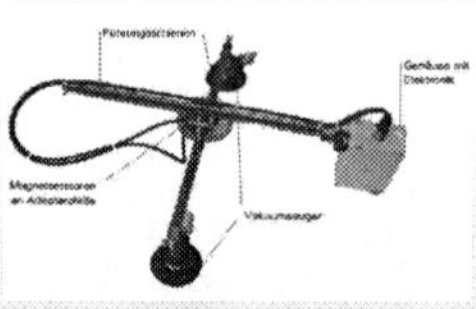

Aufbau des Handscanners. Drahtlose Verbindung zu Laptop als Bedienkonsole.

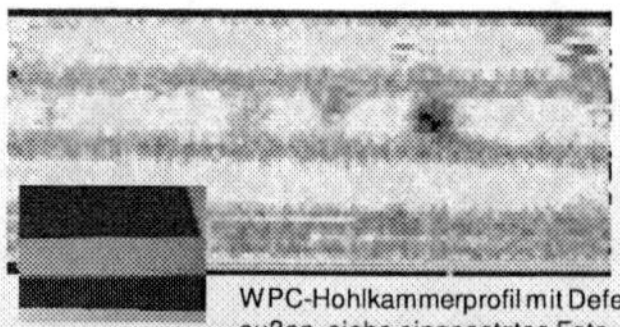

WPC-Hohlkammerprofil mit Defekten. Von außen, siehe eingesetztes Foto, sind diese Defekte visuell nicht erkennbar.

GFK-Absorberturm einer Raffinerie

Handscanner im Einsatz zur Untersuchung von Lecks

Anzeige des Handscanners: dunkelblaue Bereiche deuten auf Flüssigkeitsverteilung in der GFK-Wand hin

FI Test- und Messtechnik GmbH

Mikrowellenprüfung: Messung der Ortsabhängigkeit der Harzschichtdicke im Bereich einer Faserwelle

Foto eines Querschnitts

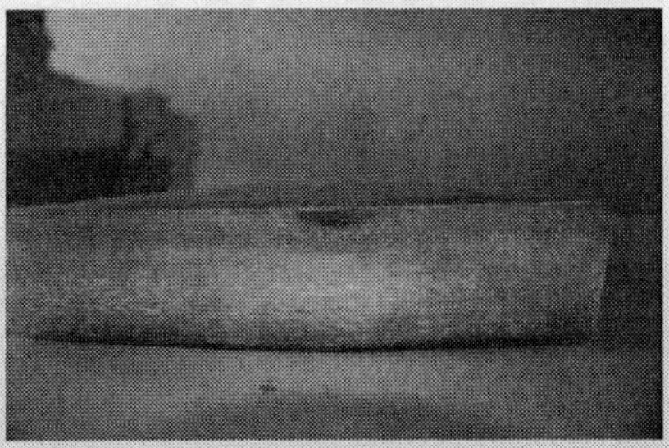

Harzdickenprofil einer verdeckten Faserwelle

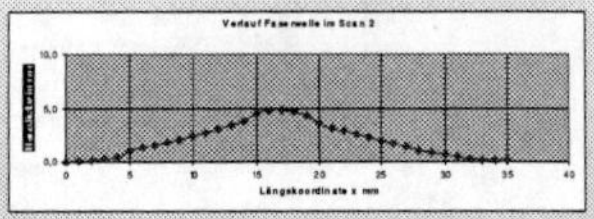

FI Test- und Messtechnik GmbH

Kugelhahn-Ventil: Mikrowellenprüfung auf „Dichtung vorhanden/ nicht vorhanden“

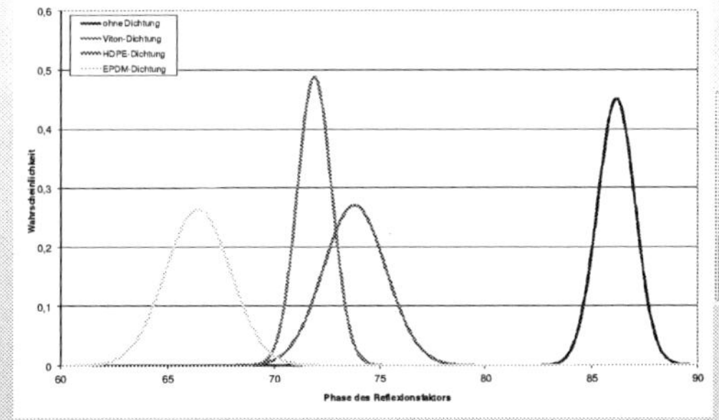

FI Test- und Messtechnik GmbH

NIDIT-Verfahren zur unmittelbar bildgebenden Mikrowellenprüfung

(NIDIT: non-ionizing direct imaging testing)

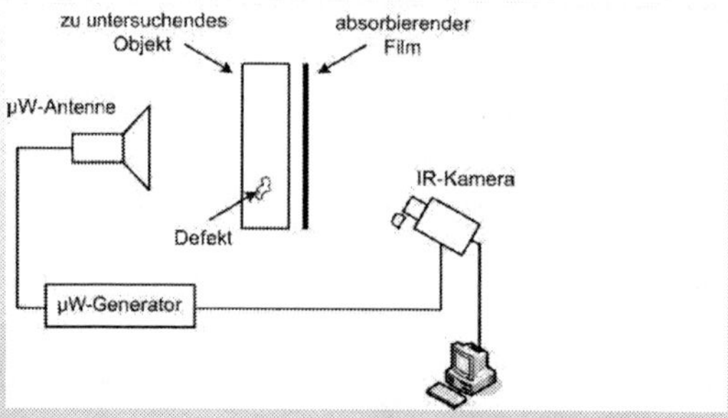

Prinzipielle Anordnung

FI Test- und Messtechnik GmbH

Beispiel Rotorblatt von Windkraftanlage

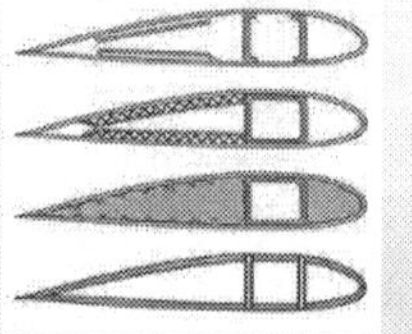

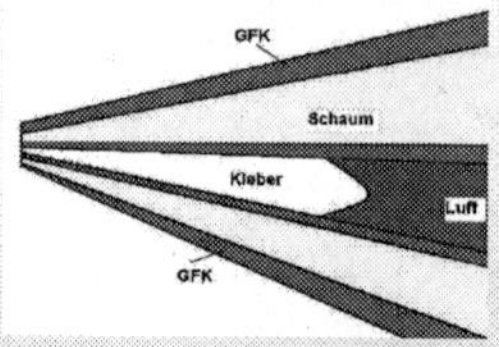

Verbünde aus unterschiedlichen isolierenden Materialien,
hier GFK, Schaum, Kleber, Luft.
Prüfung u.a. auf Verklebungsfehler

Es folgt:
EMIR-Aufnahme einer Kante, etwa 20 cm dicker Sandwich aus GFK, Schaum, Kleber und Luft

1. Einleitung
2. Grundlagen der Mikrowellenprüfung
3. **Anwendungsbeispiele zur Mikrowellenprüfung**
4. Lackdickenmessung mit Mikrowellen
5. Schluss

FI Test- und Messtechnik GmbH

Siehe auch Vortrag 7 „Direkt bildgebende Mikrowellenprüfung von WPC-Dielen" in diesem Seminar.

1. Einleitung
2. Grundlagen der Mikrowellenprüfung
3. **Anwendungsbeispiele zur Mikrowellenprüfung**
4. Lackdickenmessung mit Mikrowellen
5. Schluss

QPS100 Quick Personnel Security Scanner

FI Test- und Messtechnik GmbH

- 70 bis 80 GHz: Mikrowellenprüftechnik
- Für Details siehe Beitrag 3 dieses Fachseminars:

  A. Karamalis, C. Evers, Rohde & Schwarz, München, Automatische Erkennung von Objekten in 3D-Millimeterwellen-Bilddaten für den QPS Sicherheitsscanner

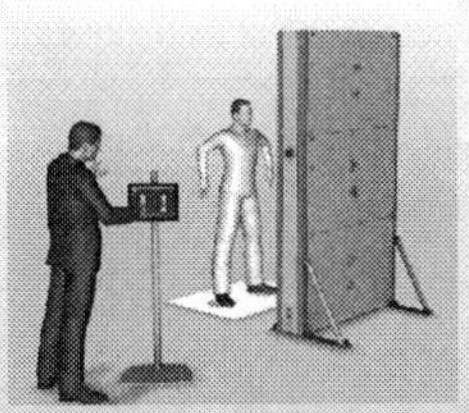

FI Test- und Messtechnik GmbH

Anwendung Schwimmhallen

Leckagen und Undichtigkeiten in Schwimmhallen und ähnlichen Bauwerken können mit der systematischen Aufnahme von Feuchteverteilungen schnell und einfach identifiziert und beurteilt werden. Mit MOIST SCAN ist dies auch im laufenden Betrieb möglich.

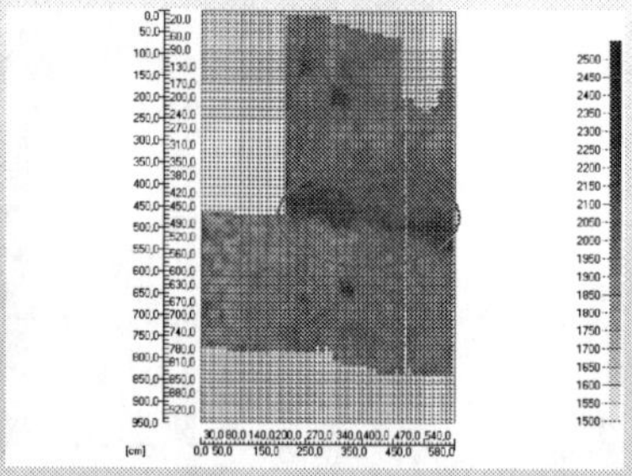

FSC1 Messgerät für Lackdicken auf Carbon-Compositen (CFK)

FI Test- und Messtechnik GmbH

Flugzeuge mit vorwiegend aus CFK bestehendem Rumpf:
leicht, treibstoffsparend, umweltfreundlich

Boeing B787: 1202 Bestellungen
512 Auslieferungen

Airbus A350: 821 Bestellungen
65 Auslieferungen

Die Lackdicke auf CFK ist zu messen, denn

1. wenn Lack zu dick > Flugzeug zu schwer > weniger Passagiere > weniger Einnahmen
2. wenn Lack zu dünn > Korrosionsschutz fehlt
3. wenn Lack zu dick > Tendenz zum Abbröckeln > frühzeitige Neulackierung > Kosten

DIE LACKDICKE IST ZERSTÖRUNGSFREI ZU MESSEN !!

FSC1 zur zerstörungsfreien Messung der Lackdicke auf CFK

Handmodul

Transportkoffer mit Bedien- und Anzeigemodul, Handmodul und weiterem Zubehör

1. Einleitung
2. Grundlagen der Mikrowellenprüfung
3. Anwendungsbeispiele zur Mikrowellenprüfung
4. Lackdickenmessung mit Mikrowellen
5. Schluss

FSC1 Messgerät für Lackdicken auf Carbon-Composites (CFK)

FI Test- und Messtechnik GmbH

- Airbus: Anregung zu Geräteentwicklung. Qualifizierung des FSC1
- Boeing: FSC1:
  - in Fertigungsanweisung B787
  - in "Boeing 787 Structural Repair Manual"
  - Boeing 737: Von 1967 bis Oktober 2014 wurden 13.795 bestellt, davon 9.365 ausgeliefert. > Potential für Umlackierung und Balancierung mit FSC1
  - Zukünftig auch CFK-Flügel der neuen B777
- Bedarf von Carbon Composites in Luftfahrt und Verteidigung: 2014: 32,3 kt >>> 2021: 60,3 kt (Composites, Carbon (2015): Composites - Marktbericht 2015, S. 30)
- Automobilbereich: Einsatz steht noch bevor.

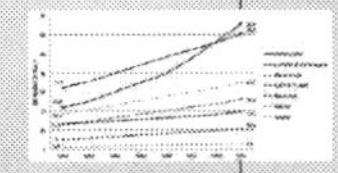

1. Einleitung
2. Grundlagen der Mikrowellenprüfung
3. Anwendungsbeispiele zur Mikrowellenprüfung
4. Lackdickenmessung mit Mikrowellen
5. **Schluss**

Mikrowellenprüfung: Defektoskopie

FI Test- und Messtechnik GmbH

Vorteile:
- Im Gegensatz zu UT kein Koppelmittel nötig
- Im Gegensatz zu Röntgen usw. keine Sicherheitsmaßnahmen erforderlich
- Berührungslos möglich
- Große Beobachtungstiefe
- Gut automatisierbar
- Bei Transmission sogar unmittelbar bildgebend möglich (NIDIT)

Nachteile:
- Nur bei Isolierstoffen einsetzbar
- Nicht bei CFK einsetzbar

Hauptanwendungen:
- Bei Kunststoffen, GFK, Keramik, Glas, Holz,...
- Zur Erkennung von Fehlern wie Delaminationen, Fremdmaterialeinschlüsse, Stoßschäden usw.
- Zur Bestimmung von Schichtdicken, Faser/Matrixverhältnissen, Porigkeit usw.
- Feuchtigkeitsbestimmung
- Sicherheitsscannner

Unternehmen, Deutschland: Rohde & Schwarz GmbH & Co. KG; FI Test- und Messtechnik GmbH; hf sensor GmbH. International: u.a. Evisive, Inc., USA. ; Satimo, Frankreich

Kontakt: Johann Hinken
FI Test- und Messtechnik GmbH
Breitscheidstrasse 17
D-39114 Magdeburg, Germany
Tel.: +49 391 503894-30
Mobil.: +49 171 2053208
Email: johann.hinken@fitm.de
www.fitm.de

Einführung in die Terahertzprüftechnik

Joachim JONUSCHEIT [1]
[1] Fraunhofer-Institut für Techno- und Wirtschaftsmathematik ITWM, Kaiserslautern
Kontakt E-Mail: joachim.jonuscheit@itwm.fraunhofer.de

Kurzfassung

Die Terahertz-Technologie zeigt mit der Nutzung des elektromagnetischen Frequenzbereichs von etwa 0,1 THz bis 10 THz eine rasant fortschreitende Entwicklung. In den letzten zwei Dekaden konnten hier auf nicht nur auf dem wissenschaftlichem Gebiet erhebliche Fortschritte erzielt werden. Mittlerweile rücken auch vermehrt konkrete Anwendungen in den Fokus, die vermehrt auch von industriellen Unternehmen angegangen werden. Neueste Fortschritte in der Systementwicklung deuten an, dass die Markteinführung dieser zerstörungsfreien und berührungslosen Messtechnik unmittelbar bevor steht.

Einige Anwendungen aus den nachfolgenden Bereichen sind zurzeit im Fokus der angewandten Forschung und befinden sich im Stadium der praktischen Erprobung:

- Zerstörungsfreie Prüfung (z. B. Defekt- und Strukturerkennung)
- Substanz- und Strukturidentifizierung
- Sicherheit
- Medizin
- Kommunikation

Aktuell stehen für den industriellen Einsatz im Wesentlichen zwei Technologien zur Verfügung: Gepulste optische Terahertz-Systeme sowie rein elektronische Terahertz-Systeme. Beide Varianten weisen spezifische Vorteile für bestimmte Einsatzgebiete auf, wodurch sie meistens disjunkt eingesetzt werden und sich dadurch perfekt ergänzen.

Die generierten Terahertz-Wellen können je nach Systemauslegung für Messungen in Transmissions-, Reflexions- oder Streuanordnung genutzt werden. Neben der reinen Materialcharakterisierung eignen sie sich auch für bildgebende und tomographische Verfahren.

Ziel dieses Beitrages ist es, die Grundlagen der beiden Techniken vorzustellen und einen Einblick in die Möglichkeiten und Perspektiven zu geben.

Einführung in die Terahertz-Prüftechnik

Joachim Jonuscheit

Fraunhofer-Institut für Techno- und Wirtschaftsmathematik ITWM, Kaiserslautern

Inhalt

- Terahertz - Spektralbereich
- Terahertz - Zeitbereichsspektroskopie
  - Mehrschichtanalysefeld
  - Spektroskopie
  - Nahfeld
- Terahertz – Radar-System
  - Defekterkennung
  - Verpackung
- Zusammenfassung

Terahertz-Spektralbereich

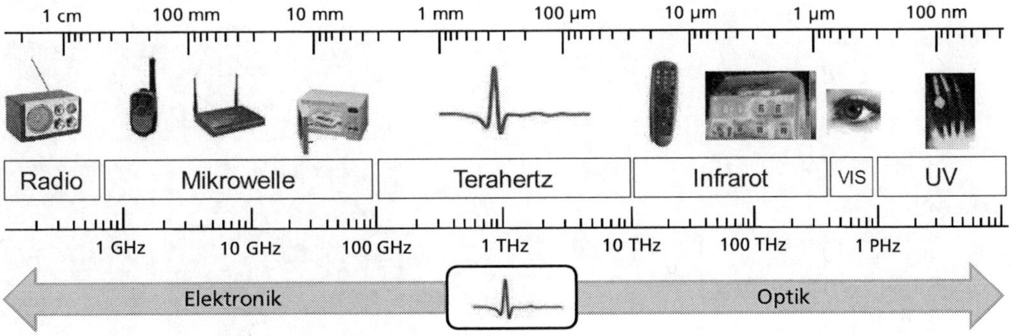

Terahertz in Zahlen: 0,1 THz – 10 THz
3 mm – 30 µm

Terahertz-Spektralbereich
Eigenschaften

Viele Werkstoffe wie Kunststoffe, Papier, Keramik, Halbleiter und Textilien sind **transparent**.

Metalle und andere elektrische Leiter sind **Reflektoren**.

Starke **Absorption** durch polare Flüssigkeiten wie Wasser.

Identifizierung fast aller polarer Moleküle ist möglich.

Terahertz-Wellen sind **gesundheitlich unbedenklich**.

Einsatzgebiete der Terahertz-Technologie
Qualitätskontrolle – Zerstörungsfreie Prüfung

Messungen von

- Schichtdicken
- Feuchte
- Dotierung

Erkennung von

- Fremdkörpern, Lunkern, Blasen
- Verborgenen Strukturen
- Delamination
- Klebeverbindungen
- Inhomogenitäten

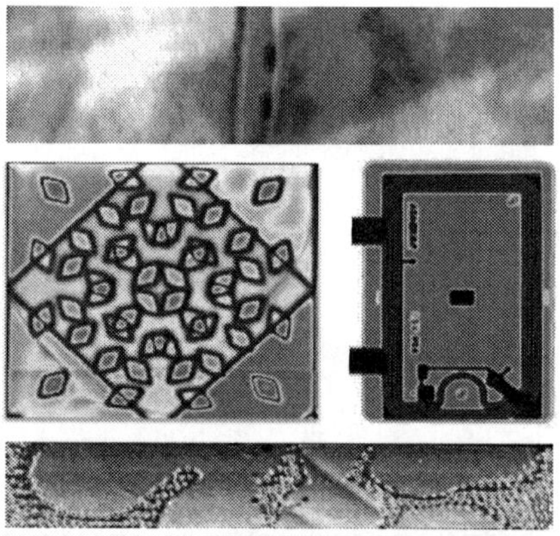

Terahertz-Messtechnik
Anordnungen

Transmission | Streuung | Reflexion

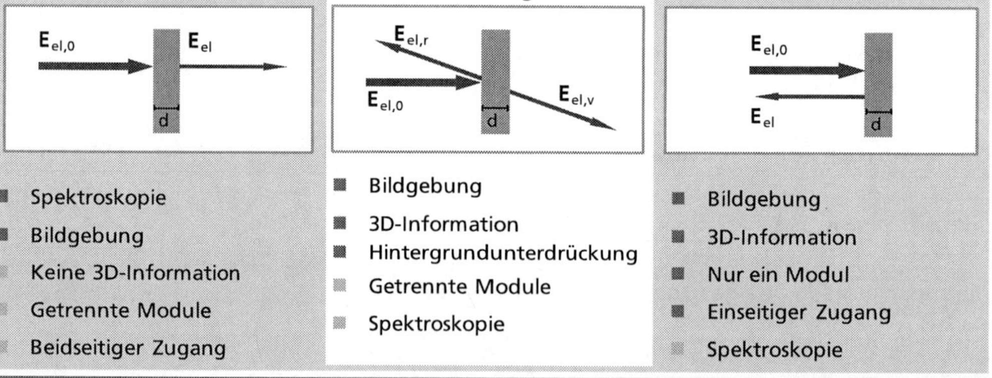

Transmission

- Spektroskopie
- Bildgebung
- Keine 3D-Information
- Getrennte Module
- Beidseitiger Zugang

Streuung

- Bildgebung
- 3D-Information
- Hintergrundunterdrückung
- Getrennte Module
- Spektroskopie

Reflexion

- Bildgebung
- 3D-Information
- Nur ein Modul
- Einseitiger Zugang
- Spektroskopie

Terahertz-Messtechnik
Anordnungen

Transmission	ATR	Reflexion
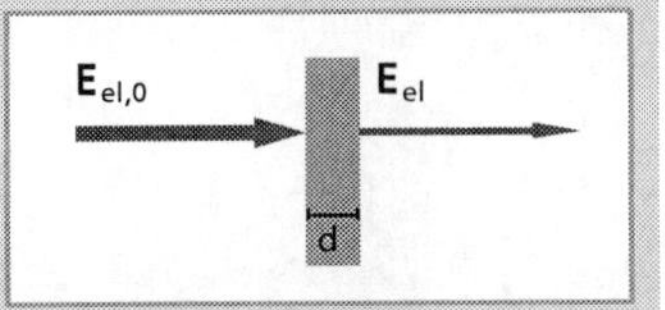	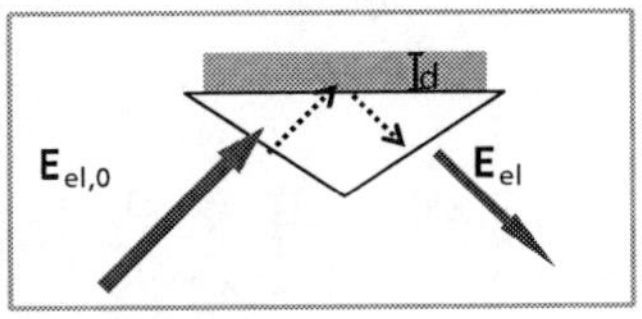	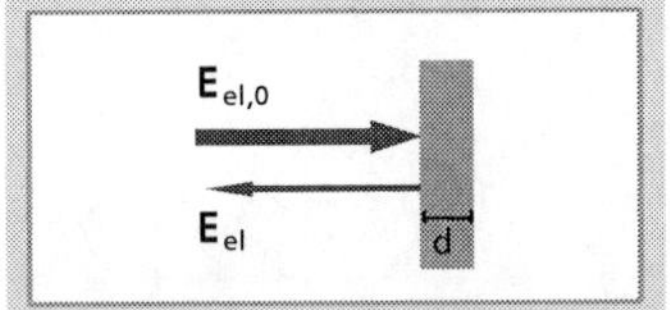

Transmission
- Spektroskopie
- Bildgebung
- Keine 3D-Information
- Getrennte Module
- Beidseitiger Zugang

ATR
- Spektroskopie an Flüssigkeiten und stark absorbierenden Medien
- Einseitiger Zugang

Reflexion
- Bildgebung
- 3D-Information
- Nur ein Modul
- Einseitiger Zugang
- Spektroskopie

Inhalt

- Terahertz - Spektralbereich
- Terahertz - Zeitbereichsspektroskopie
  - Mehrschichtanalysefeld
  - Spektroskopie
  - Nahfeld
- Terahertz – Radar-System
  - Defekterkennung
  - Verpackung
- Zusammenfassung

Terahertz-Zeitbereichsspektroskopie
Prinzipieller Aufbau

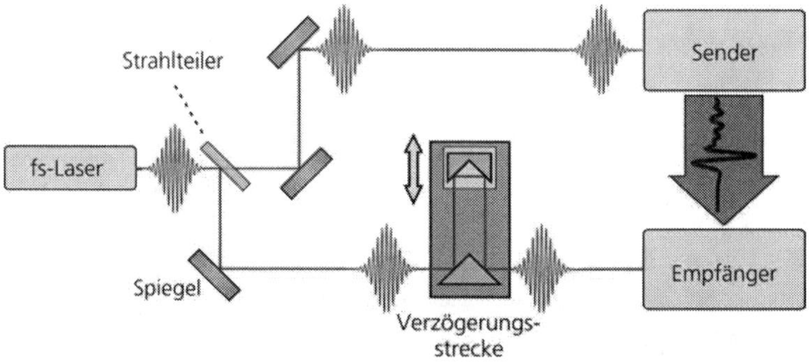

- Aufspalten des Femtosekunden-Laserstrahls zum Schalten von Sender und Empfänger
- Synchronisierung der Lichtpulse durch Verzögerungsstrecke

Terahertz-Zeitbereichsspektroskopie
Erzeugung

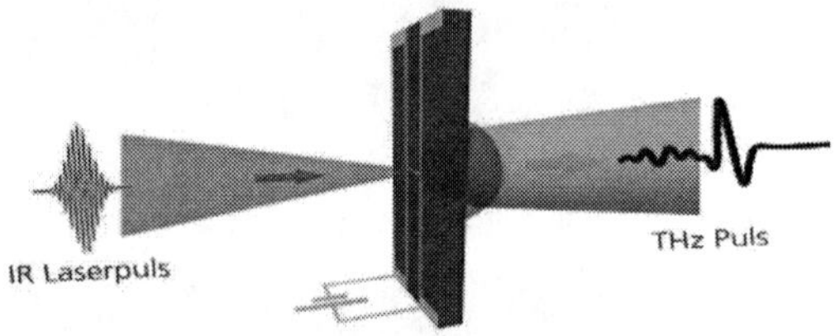

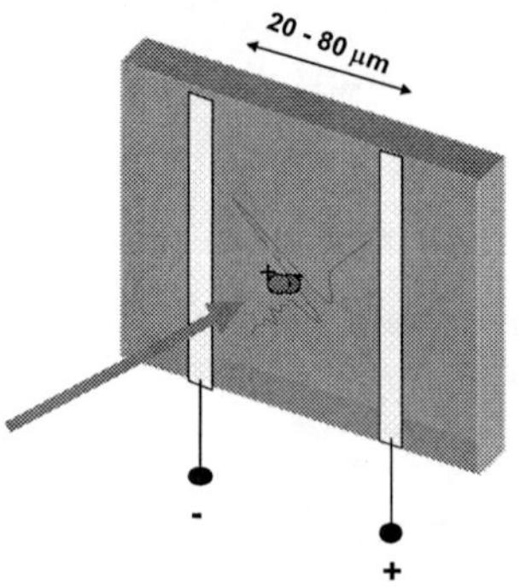

- Erzeugung von Ladungsträgern

Terahertz-Zeitbereichsspektroskopie
Empfänger

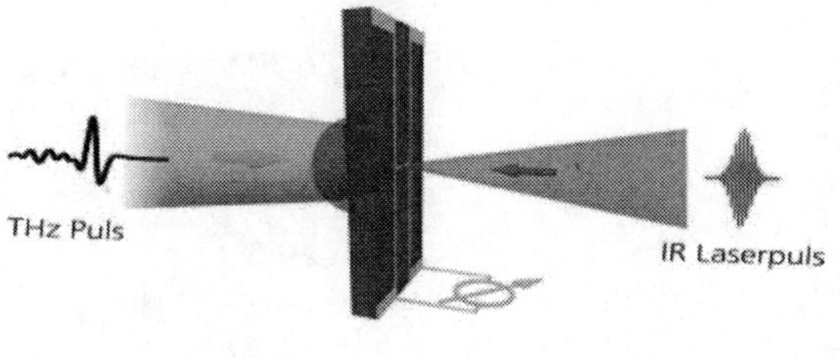

- Sampling-Aufnahme der Terahertz-Pulse durch kontinuierliche Veränderung der Differenz des Eintreffzeitpunktes von IR und Terahertz-Puls auf dem Empfänger
- Empfänger nur für kurze Zeit empfindlich, i.a. << 1 Pikosekunde

Terahertz-Zeitbereichsspektroskopie
Empfänger

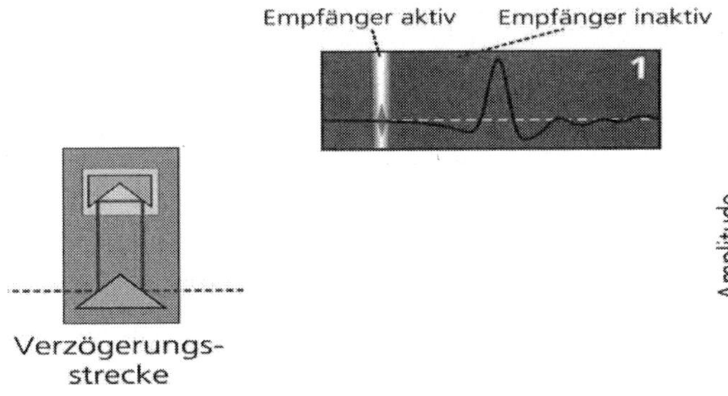

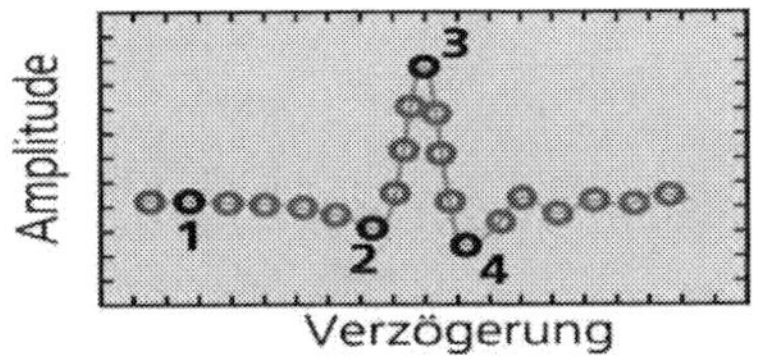

Terahertz-Kurzpuls-Messsystem
Terahertz-Zeitbereichsspektrometer

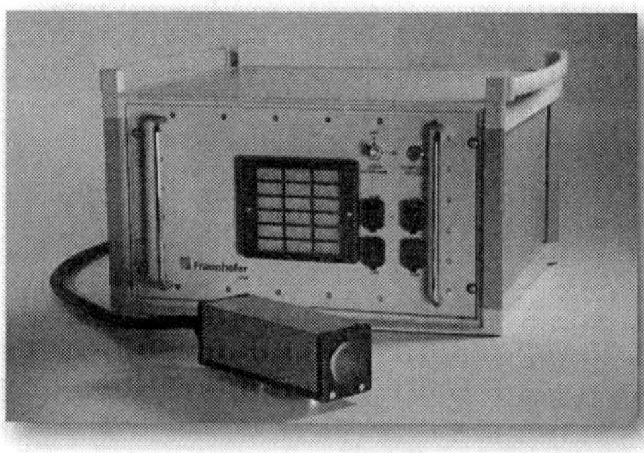

Abmessungen

Messmodul:
75 x 75 x 220 mm
1,3 kg

Basiseinheit:
420 x 500 x 265 mm
33,4 kg

Kabel/Faser:
5 – 10 m

Messmodul montiert auf XY-Scanner

Kundenspezifisches Terahertz-Kurzpuls-System

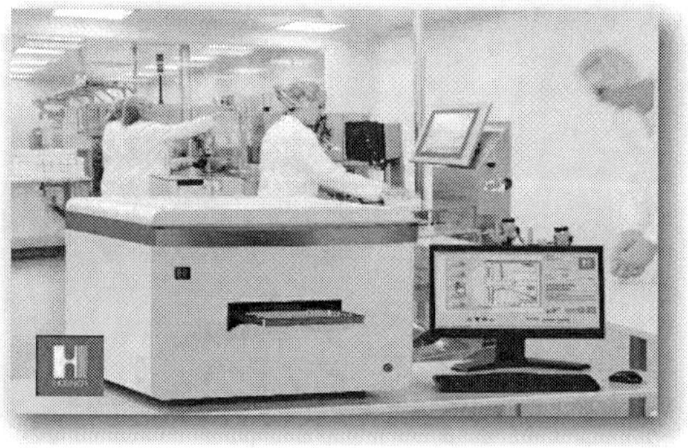

Terahertz-Zeitbereichsspektroskopie
Messprinzip

Zeitbereich
- Messung des elektrischen Feldes
- Pulsdauer < 1 ps
- Signal-zu-Rausch > 60 dB
- (30 ms Integrationszeit)
- 40 Wellenformen pro Sekunde

Fourier Transformation

Frequenzbereich
- Spektrale Amplitude
- Phaseninformation
- Nutzbare Bandbreite
- 100 GHz < ν < 4 THz

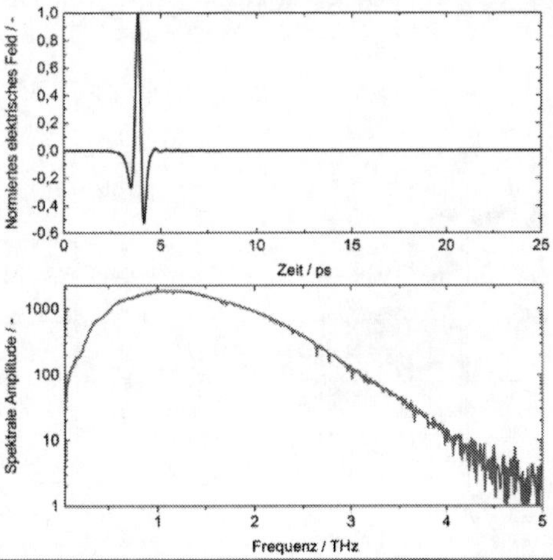

Lackierkontrolle

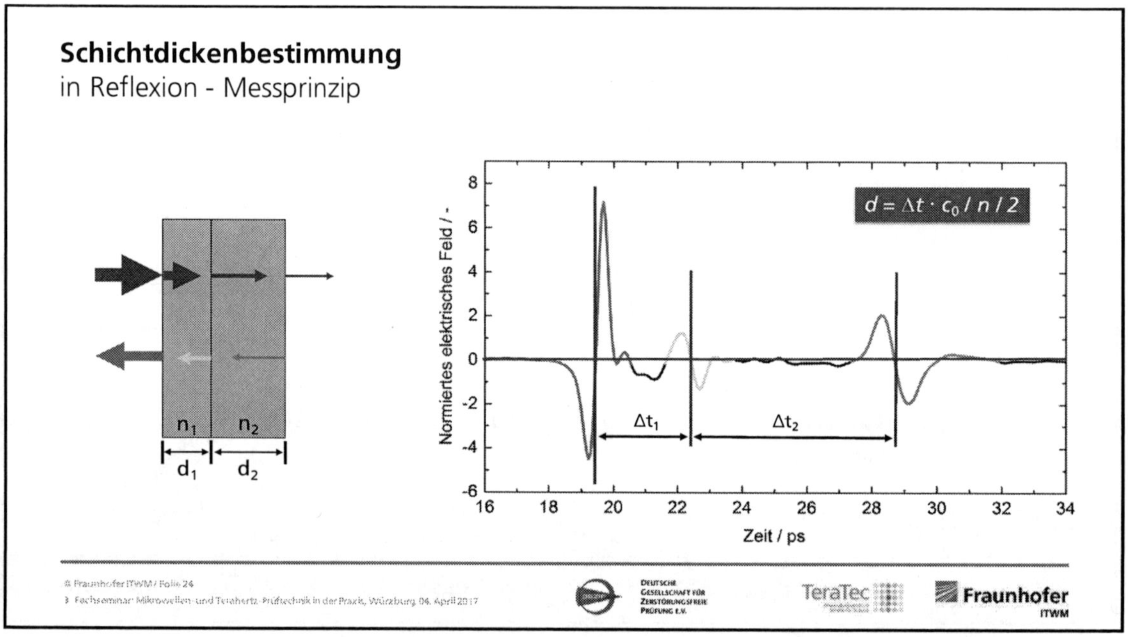

Schichtdickenbestimmung
in Reflexion - Messprinzip
n1
n2
d1
d2
Normiertes elektrisches Feld / -
Zeit / ps
d = Δt · c0 / n / 2
Δt1
Δt2
© Fraunhofer ITWM / Folie 24
3. Fachseminar: Mikrowellen- und Terahertz-Prüftechnik in der Praxis, Würzburg 04. April 2017
Deutsche Gesellschaft für Zerstörungsfreie Prüfung e.V.
TeraTec
Fraunhofer ITWM

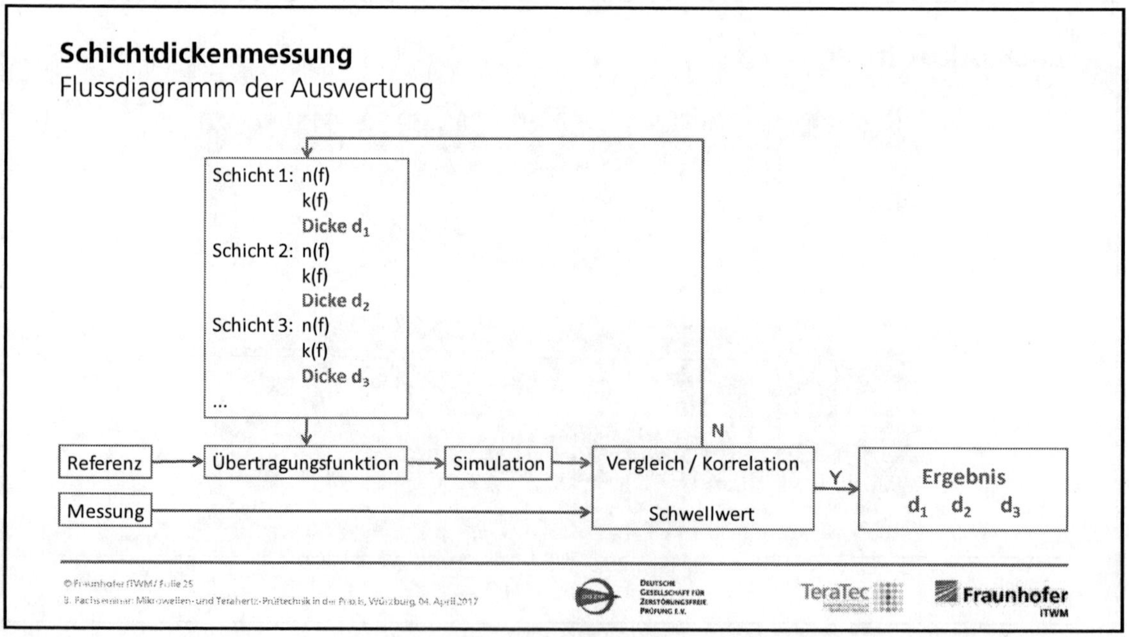

Schichtdickenmessung
Flussdiagramm der Auswertung
Schicht 1: n(f)
k(f)
Dicke d1
Schicht 2: n(f)
k(f)
Dicke d2
Schicht 3: n(f)
k(f)
Dicke d3
...
N
Referenz
Übertragungsfunktion
Simulation
Vergleich / Korrelation
Schwellwert
Y
Ergebnis
d1 d2 d3
Messung
© Fraunhofer ITWM / Folie 25
3. Fachseminar: Mikrowellen- und Terahertz-Prüftechnik in der Praxis, Würzburg 04. April 2017
Deutsche Gesellschaft für Zerstörungsfreie Prüfung e.V.
TeraTec
Fraunhofer ITWM

Schichtdickenmessung
Konvergenz der Auswertung

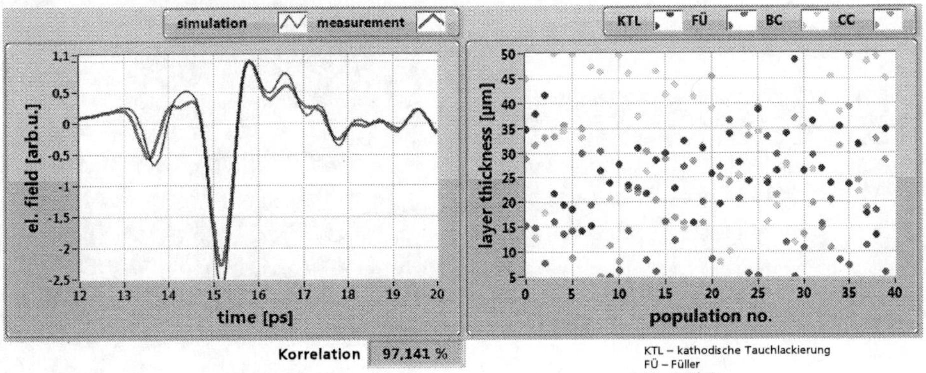

KTL – kathodische Tauchlackierung
FÜ – Füller
BC – Basislack
CC – Klarlack

Schichtdickenmessung
Konvergenz der Auswertung

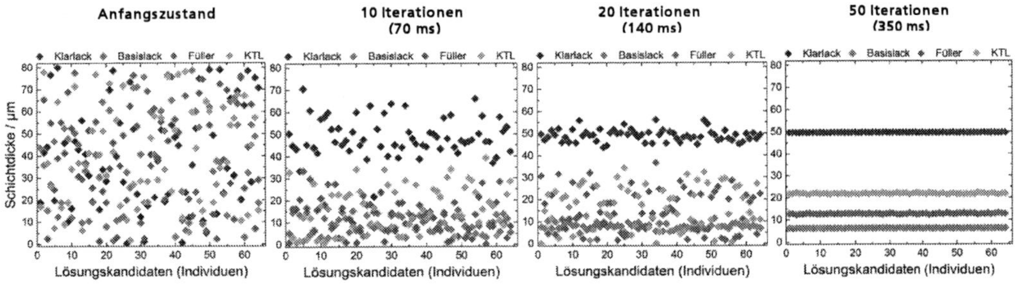

Klarlack = 50 µm
Basislack = 6 µm
Füller = 13 µm
KTL = 22 µm

Schichtdickenmessung
Dreischicht-Lacksystem auf Metall

Schicht	Terahertz µm	Querschliff µm
CC	45.2 ± 0.5	45.4 – 48.0
BC	13.5 ± 0.4	11.7 – 12.9
KTL	24.2 ± 0.8	22.8 – 26.7

Vergleich mit »Goldstandard«:
Querschliff und Mikroskop

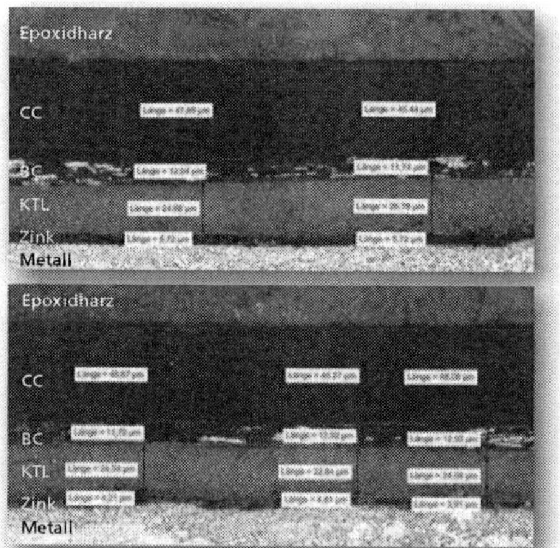

Schichtdickenmessung
Zweischicht-Lacksystem auf Kunststoff

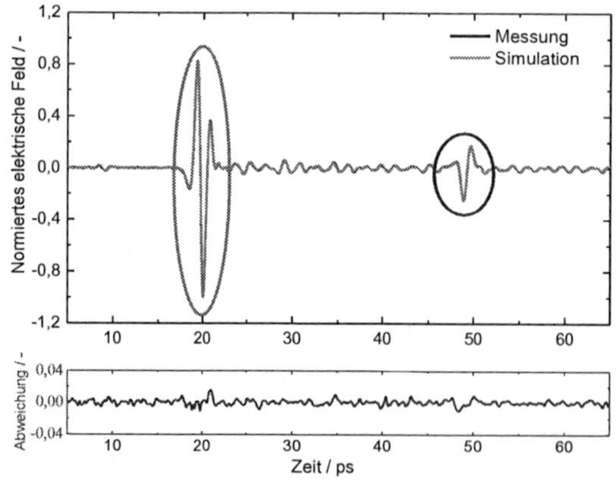

Schicht \ Dicke (µm)	Terahertz	Querschliff
Schicht 1	37 ± 1	38 ± 1
Schicht 2	40 ± 1	40 ± 1
Substrat	2889 ± 2	2893 ± 2

Schichtdickenmessung
Zweischicht-Lacksystem auf CFK

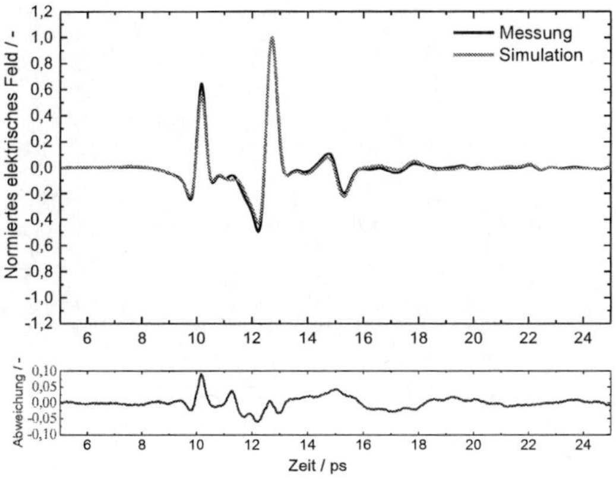

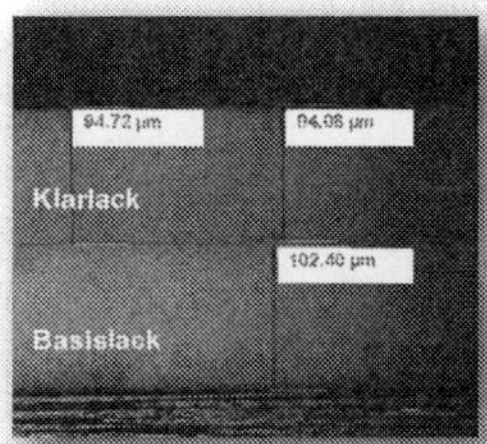

Schicht \ Dicke (µm)	Terahertz	Querschliff
Klarlack	100 ± 1	102 ± 1
Basislack	95 ± 1	94 ± 1

Rohre und Schläuche

Schichtdickenmessung
Geschäumtes PVC-Rohr

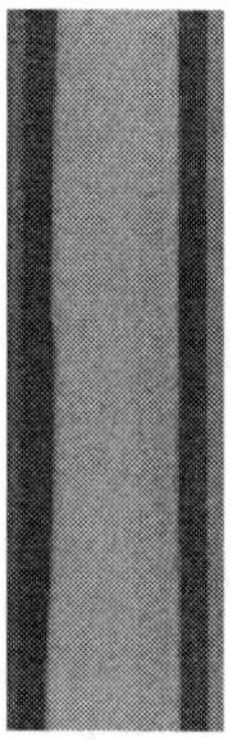

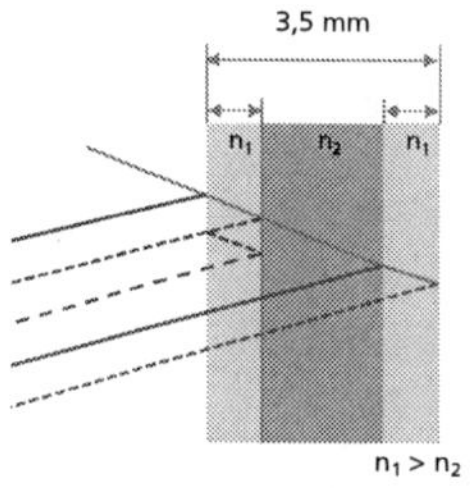

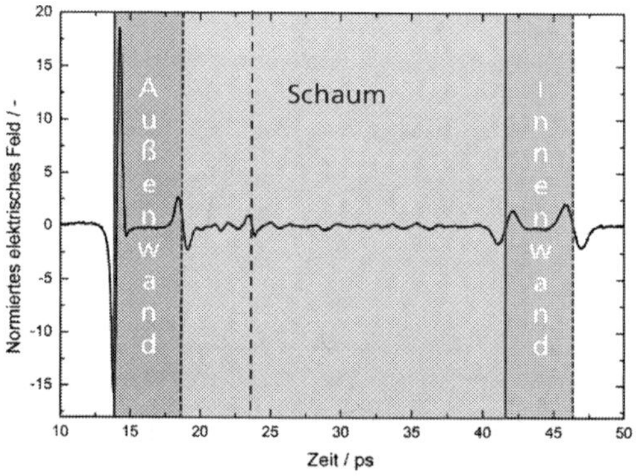

Substanzidentifikation

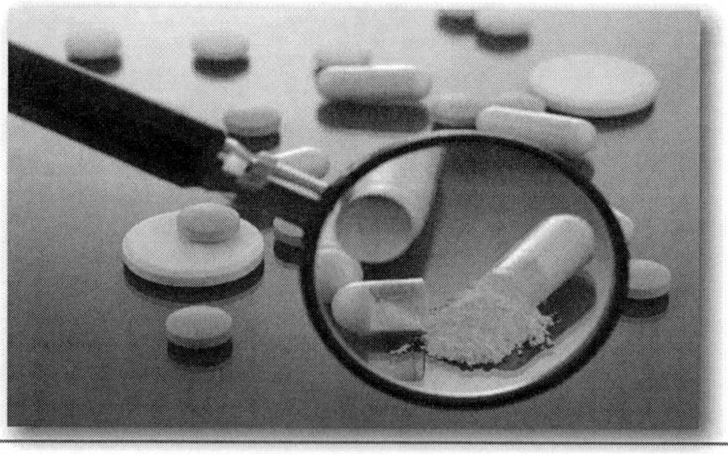

Substanzidentifizierung
Ausgewählte Zucker

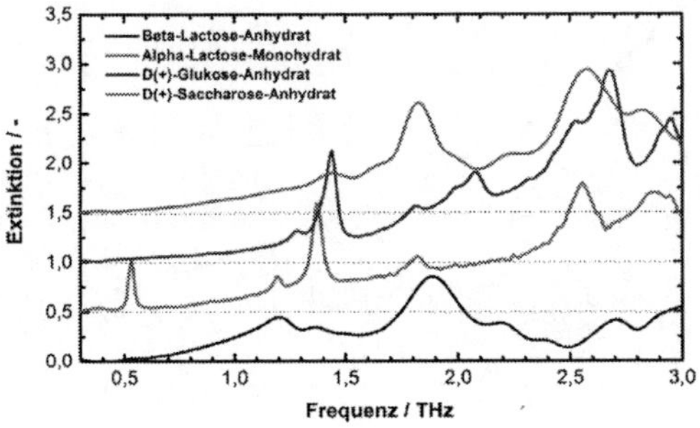

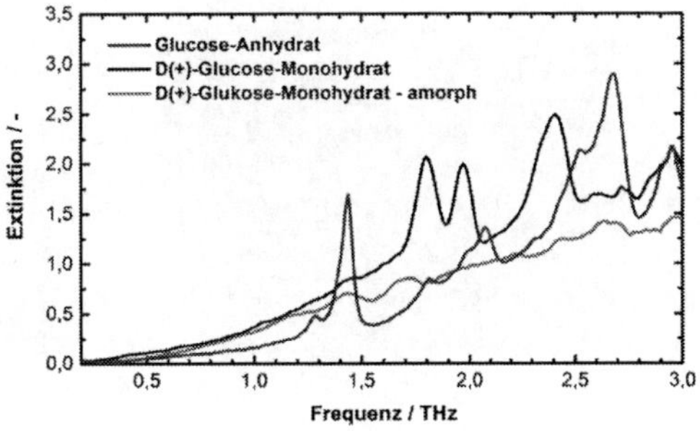

© Fraunhofer ITWM / Folie 35
3. Fachseminar Mikrowellen- und Terahertz-Prüftechnik in der Praxis, Würzburg, 04. April 2017

DEUTSCHE GESELLSCHAFT FÜR ZERSTÖRUNGSFREIE PRÜFUNG E.V.
TeraTec
Fraunhofer ITWM

Substanzidentifizierung
Unterscheidung von Isomeren

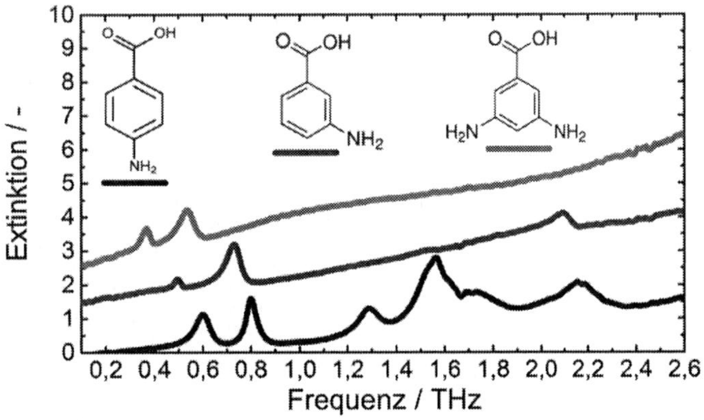

© Fraunhofer ITWM / Folie 36
3. Fachseminar Mikrowellen- und Terahertz-Prüftechnik in der Praxis, Würzburg, 04. April 2017

DEUTSCHE GESELLSCHAFT FÜR ZERSTÖRUNGSFREIE PRÜFUNG E.V.
TeraTec
Fraunhofer ITWM

Feuchtebestimmung
Kakao-Pulver

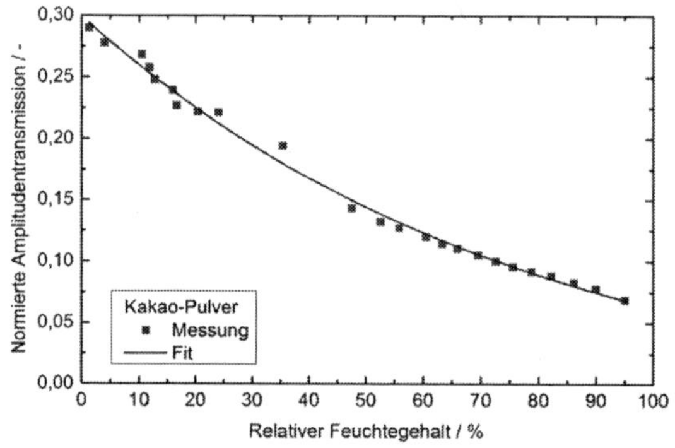

Nahfeld-Untersuchungen

Nanometer-Fokussierung mittels Nahfeldspitze

Proben-Topographie

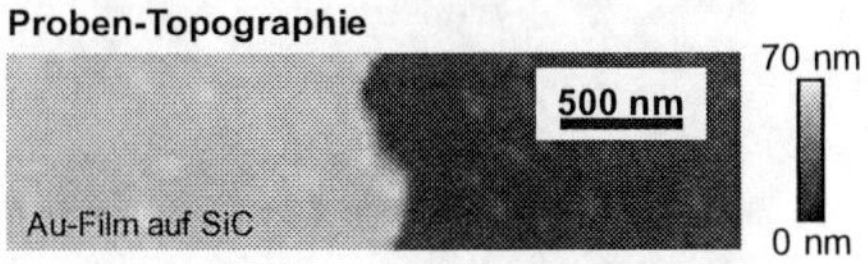

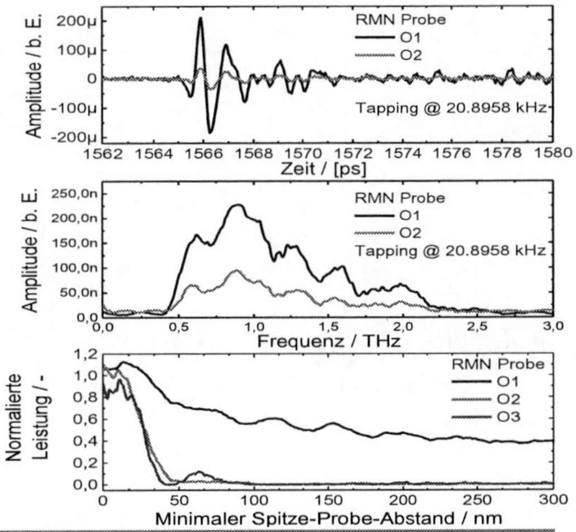

Wechselwirkung Nahfeldspitze-Probe:

1/e-Abfall innerhalb von 30 nm (ca. λ/10.000)

Nanometer-Fokussierung mittels Nahfeldspitze

Proben-Topographie

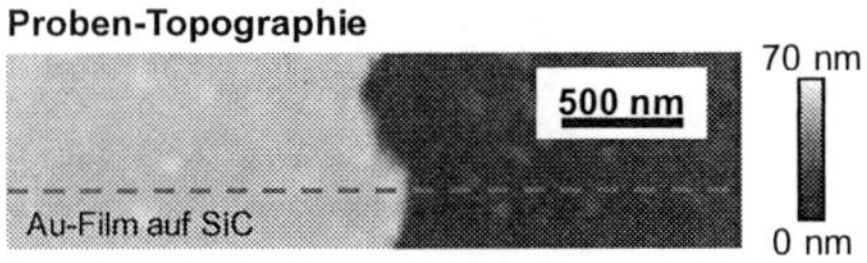

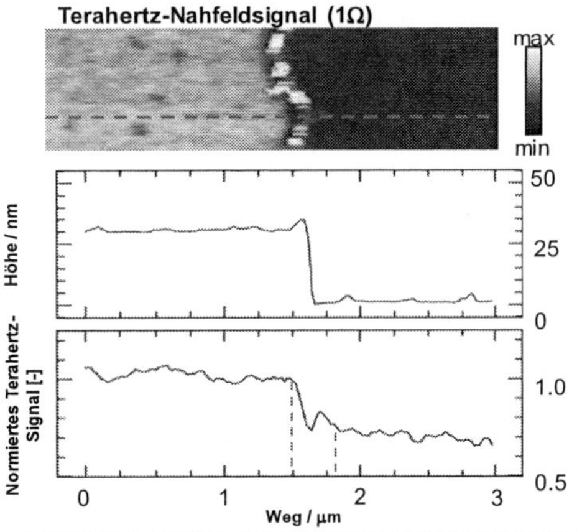

Linienprofil demonstriert eine räumliche Auflösung von ca. 300 nm (λ/1000)!

Inhalt

- Terahertz - Spektralbereich
- Terahertz - Zeitbereichsspektroskopie
  - Mehrschichtanalysefeld
  - Spektroskopie
  - Nahfeld
- Terahertz – Radar-System
  - Defekterkennung
  - Verpackung
- Zusammenfassung

Terahertz-FMCW-Radar

FMCW: Frequency modulated continuous wave

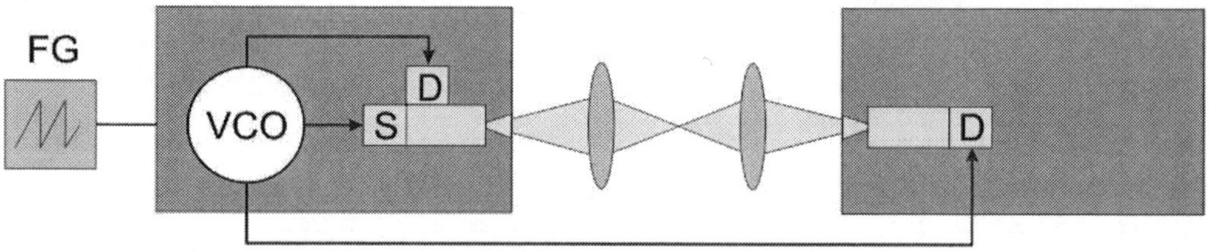

VCO	Spannungskontrollierter Mikrowellenoszillator
FG	Funktionsgenerator zur Frequenzsteuerung des VCO
S, D	Sende- und Empfangseinheiten mit entsprechenden Frequenzvervielfacher und Verstärker
THz Optik	Abhängig von Anwendung

Terahertz-Radar-Messtechnik
mit kontinuierlichen Wellen variabler Frequenz (FMCW-Radar)

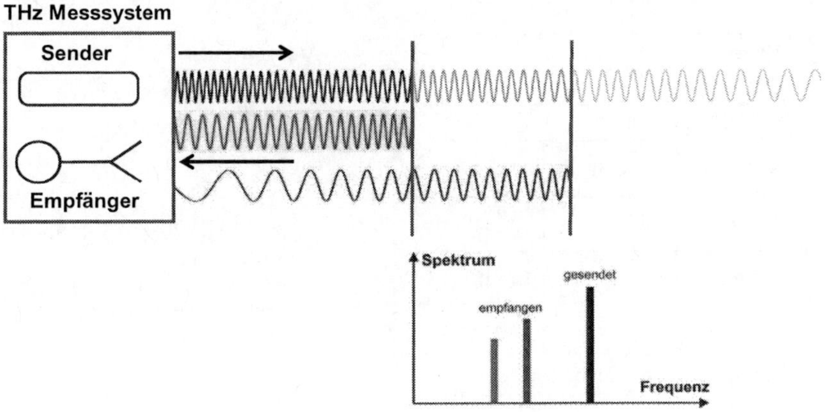

Terahertz-Radar-Messtechnik
mit kontinuierlichen Wellen variabler Frequenz (FMCW-Radar)

Frequenzdifferenz
- Abstand
- Dicke
- Tiefeninformation

Amplitudenänderung
- Absorption / Streuung
- Dicke
- Inhomogenitäten
- Fehlstellen

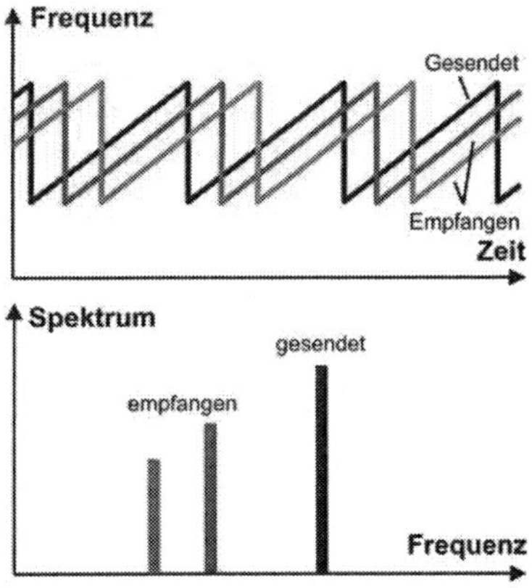

FMCW-Terahertz-System
Spezifikation

Technologie	Vollelektronisch		
Messzeit pro Pixel	250 µs		
Dynamikbereich	> 50 dB und 1:300 (< 1 s)		
Arbeitsfrequenz	100 GHz	150 GHz	300 GHz
Frequenzbereich	60 - 110 GHz	110 – 170 GHz	230 - 320 GHz
Laterale Auflösung für Linsenbrennweite 50 mm	3 mm	2 mm	1 mm
Tiefenauflösung für Brechungsindex $n = 1$	3,8 mm	3,2 mm	1,7 mm
Eindringtiefe	Einige cm, materialabhängig		

Vorteile:

- Zerstörungsfrei und berührungslos → kein Einsatz eines Kopplungsmedium
- Messung in Reflexion → einseitiger Probenzugang ausreichend
- kein Strahlenschutz notwendig

Terahertz-FMCW-Radartechnik
Bildgebendes System

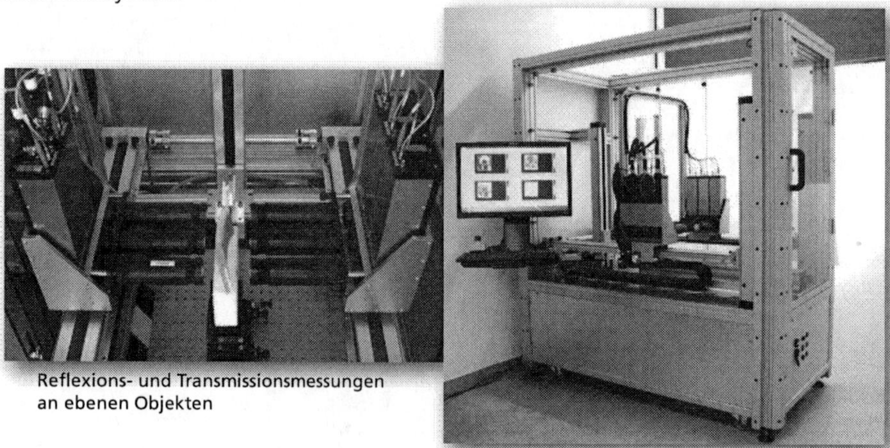

Reflexions- und Transmissionsmessungen an ebenen Objekten

SynViewCompact

mobiles ***SynViewCompact***

bei Becker Photonik

Eine mobile Scaneinheit (je nach Ausführung 20 kg - 30 kg Gewicht) kann beliebig im Raum orientiert werden (horizontal, vertikal, auf dem Kopf)

Ein Rechner enthält alle notwendigen Steuerungen

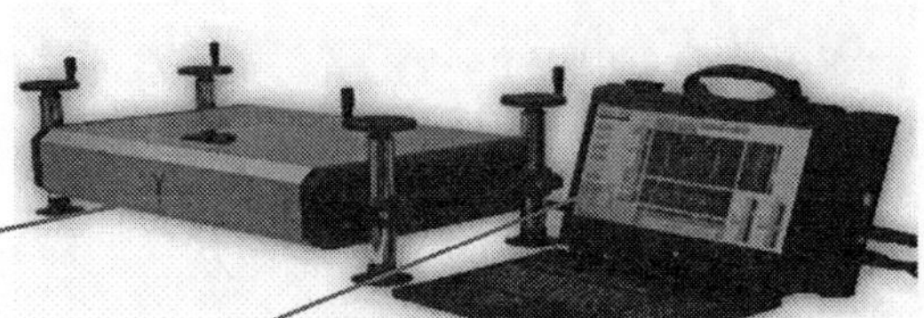

SynViewCompact,
Becker Photonik GmbH, Porta Westfalica

SynViewCompact

mobiles ***SynViewCompact***

bei Becker Photonik

Eine mobile Scaneinheit (je nach Ausführung 20 kg - 30 kg Gewicht) kann beliebig im Raum orientiert werden (horizontal, vertikal, auf dem Kopf)

Ein Rechner enthält alle notwendigen Steuerungen

Terahertz-FMCW-Radartechnik
Prüfung einer gekrümmten Oberfläche

- Messung in Reflexion
  → nur einseitiger Zugang notwendig
- Sensor muss senkrecht zur Oberfläche stehen:
  → Roboter
  oder
  → berührende Messung
  (Aufsetzen des Sensors)

- Messgeschwindigkeit etwa 1 m/s und Messfleck etwa Ø 2 mm

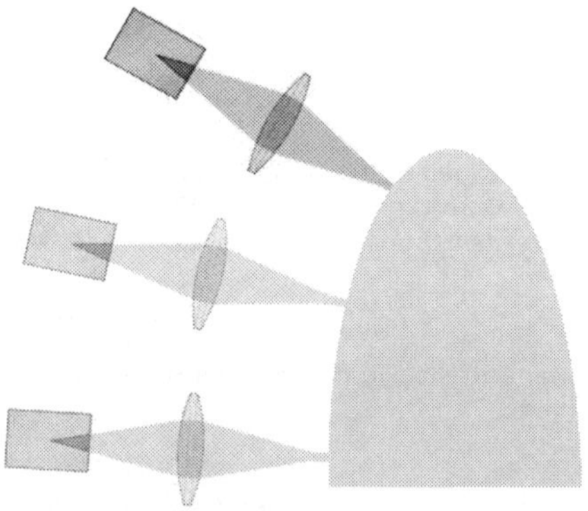

Defekterkennung

Kalibrierproben mit künstlichen Defekten
Struktur

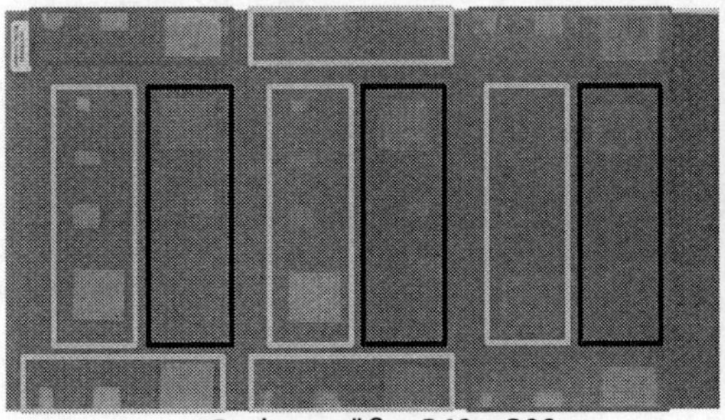

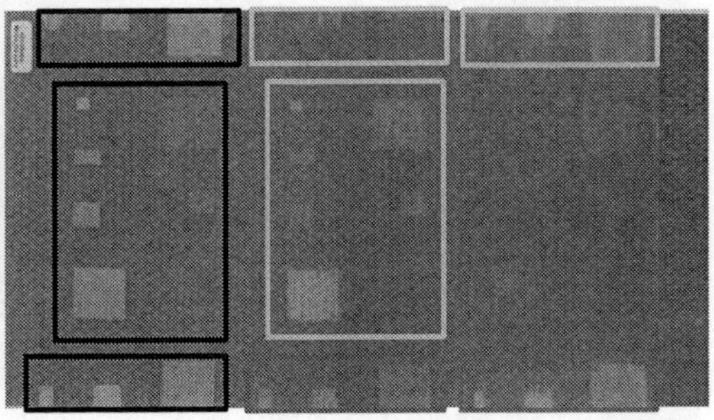

Probengröße: 340 x 200

Teflon PE-Folie Luftspalt

Gruppe 1 Gruppe 2 Gruppe 3

© Fraunhofer ITWM / Folie 55
3. Fachseminar Mikrowellen- und Terahertz-Prüftechnik in der Praxis, Würzburg, 04. April 2017

Deutsche Gesellschaft für Zerstörungsfreie Prüfung e.V.   TeraTec   Fraunhofer ITWM

Kalibrierproben mit künstlichen Defekten
Struktur

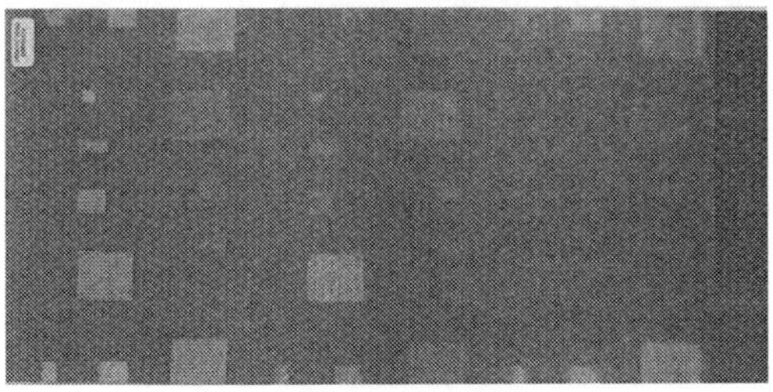

Probengröße: 340 x 200 mm

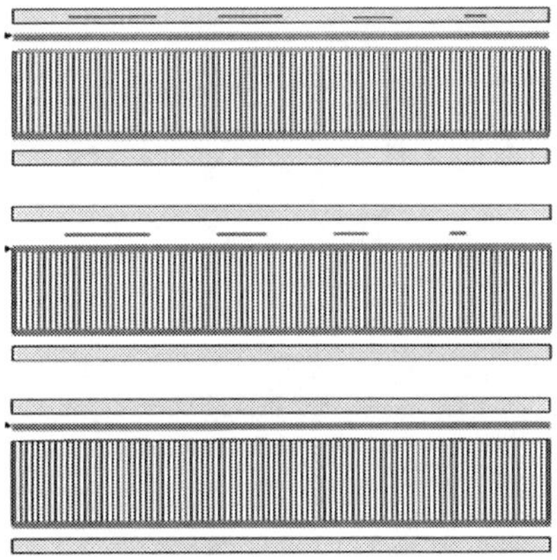

Defektgröße (mm)	6x6, 6x12, 12x12, 25x25
Defektmaterial	Teflon, PE, Luft
Dicke (mm)	1 / 5 / 1

© Fraunhofer ITWM / Folie 56
3. Fachseminar Mikrowellen- und Terahertz-Prüftechnik in der Praxis, Würzburg, 04. April 2017

Deutsche Gesellschaft für Zerstörungsfreie Prüfung e.V.   TeraTec   Fraunhofer ITWM

Volumeninspektion von Bauteilen aus GFK-Verbundmaterial

Reflexionsaufnahmen bei unterschiedlichen Frequenzen

100 GHz | 150 GHz | 300 GHz

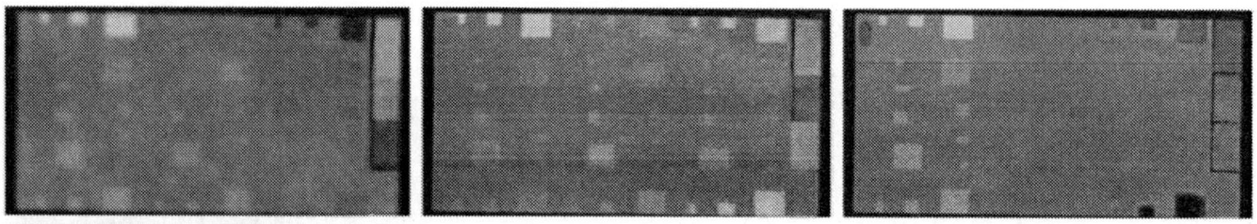

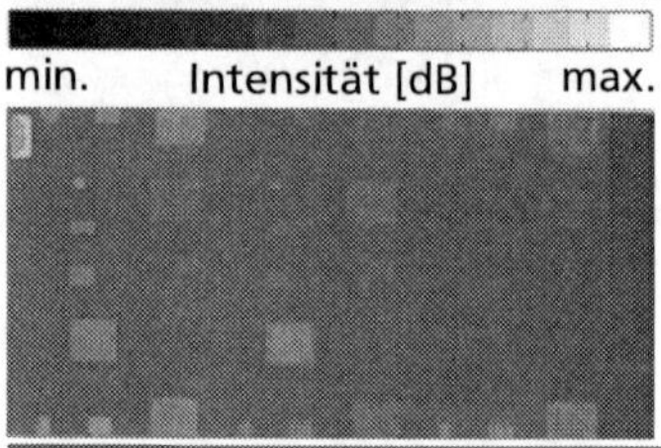

Fehlergröße (mm)	6x6, 6x12, 12x12, 25x25
Defektmaterial	Teflon, PE, Luft
Dicke (mm)	1 / 5 / 0,75

Volumeninspektion von Bauteilen aus GFK-Verbundmaterial

Ergebnisdarstellung der Bildverarbeitung

Seite A: 150 GHz | 2D Projektion | 3D Visualisierung

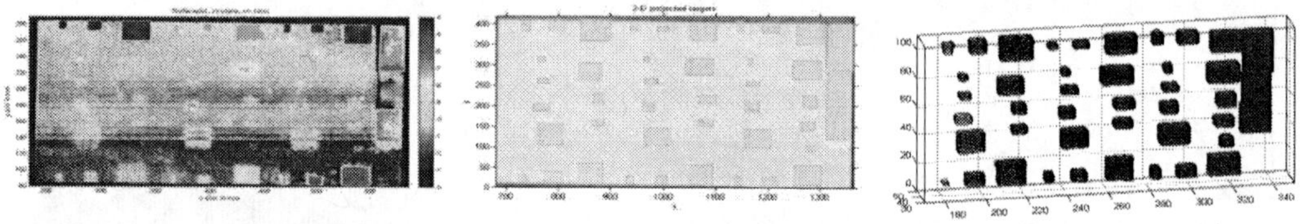

Seite B: 150 GHz

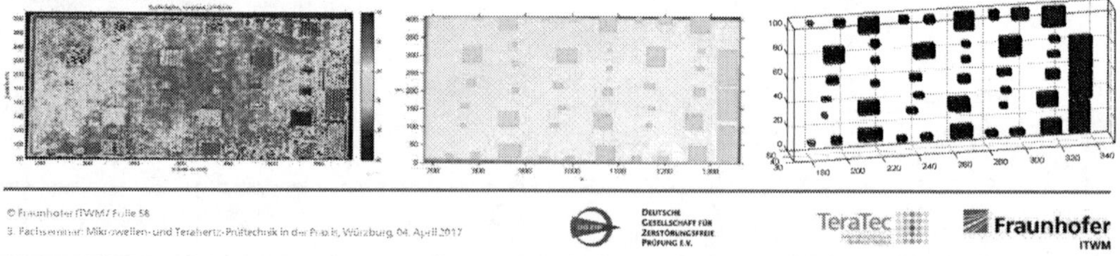

Volumeninspektion von Bauteilen aus GFK-Verbundmaterial

Reflexionsaufnahmen bei unterschiedlichen Frequenzen

100 GHz

300 GHz

Method	PD (#)	PD (%)	FA (#)
Reflexion 100 GHz	41 / 43	91 / 95	- / -
Reflexion 150 GHz	43 / 45	95 / 100	- / -
Reflexion 300 GHz	42 / 34	93 / 75	- / -

Positive Detektionsrate (PD) und Falschalarmrate (FA) für Probe mit 45 künstlich eingebrachten Fehler

© Fraunhofer ITWM / Folie 59

3. Fachseminar: Mikrowellen- und Terahertz-Prüftechnik in der Praxis, Würzburg, 04. April 2017

Deutsche Gesellschaft für Zerstörungsfreie Prüfung e.V. TeraTec Fraunhofer ITWM

Verpackungskontrolle

© Fraunhofer ITWM / Folie 60

3. Fachseminar: Mikrowellen- und Terahertz-Prüftechnik in der Praxis, Würzburg, 04. April 2017

Deutsche Gesellschaft für Zerstörungsfreie Prüfung e.V. TeraTec Fraunhofer ITWM

Messergebnis für PET-Flaschen

100 GHz

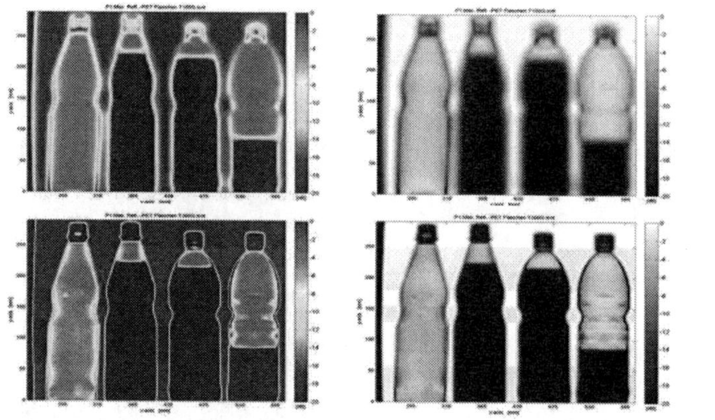

300 GHz

© Fraunhofer ITWM / Folie 61
3. Fachseminar: Mikrowellen- und Terahertz-Prüftechnik in der Praxis, Würzburg, 04. April 2017

DEUTSCHE GESELLSCHAFT FÜR ZERSTÖRUNGSFREIE PRÜFUNG E.V.

TeraTec

Fraunhofer ITWM

Messergebnis für Glas-Flaschen

100 GHz

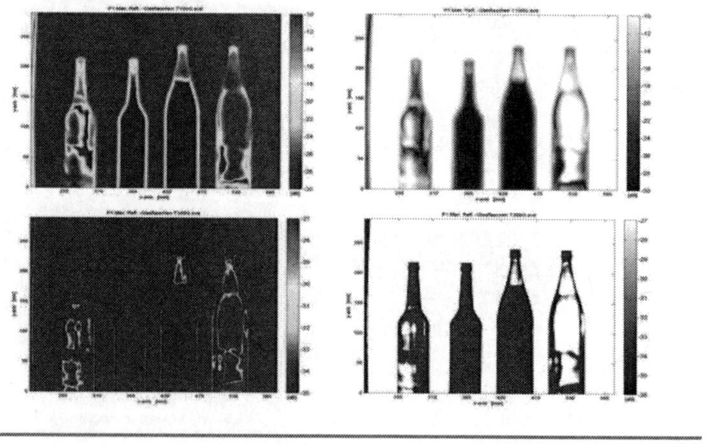

300 GHz

© Fraunhofer ITWM / Folie 62
3. Fachseminar: Mikrowellen- und Terahertz-Prüftechnik in der Praxis, Würzburg, 04. April 2017

DEUTSCHE GESELLSCHAFT FÜR ZERSTÖRUNGSFREIE PRÜFUNG E.V.

TeraTec

Fraunhofer ITWM

Zusammenfassung / Ausblick

Im Vergleich zu etablierten Messmethoden offenbart die Terahertz-Prüftechnik Alleinstellungsmerkmale:

Zeitbereichsspektroskopie

- Berührungslose Mehrschichtanalyse
- Identifikation von verdeckten Substanzen

FMCW-Radartechnik

- Defekterkennung in Verbundwerkstoffen mit GFK und Wabenstruktur / Schaum

Dr. Joachim Jonuscheit
Fraunhofer ITWM
Fraunhofer-Platz 1
67663 Kaiserslautern

Tel. + 49 631 31600-4911
Email: joachim.jonuscheit@itwm.fraunhofer.de

Feuchtemessung an planaren Materialien wie Papier und Pappe

Björn JUNGSTAND [1], Arndt GÖLLER [1]
[1] hf sensor GmbH, Leipzig
Kontakt E-Mail: sales@hf-sensor.de

Kurzfassung

Materialfeuchtemestechnik stellt ein nach wie vor uneinheitliches, auch für den erfahrenen Fachmann nur schwer durchschaubares Aufgabengebiet dar. Die allgemein genutzten indirekten Messverfahren – egal, ob elektrische, optische oder Mikrowellen–Wirkprinzipien – machen immer die Kalibration des Messsignals auf das zu messende Material und die zugrundeliegende Anordnung notwendig. Da hieraus historisch gesehen lediglich Insellösungen erwuchsen, sind Lösungen zur Materialfeuchtemessung bisher nur in sehr beschränktem Umfang auf Standards rückführbar gewesen, was wiederum der kommerziellen Verbreitung entsprechender Messgeräte als großes Hemmnis im Weg steht.

Dies trifft auch auf die Feuchtemessung in Papier und Pappe zu. Seit langer Zeit sind in dieser Branche hochpräzise und automatisierte, aber auch sehr komplexe und damit teure Messsysteme präsent, die für die Feuchteüberwachung zur Qualitätssicherung vorrangig bei niedrigen Feuchten zum Einsatz kommen. Andererseits gibt es nach wie vor ungelöste Messaufgaben wie z.B. die Messung höherer Feuchten, die Messung bei hohen Geschwindigkeiten, die Messung bei höheren Temperaturen, die Messung von Schichtaufträgen auf Papierbahnen usw. Bei vielen möglichen Messorten ist die Preisakzeptanz für den Einsatz komplexer Messsysteme nicht gegeben. Bei der Vielfalt der weltweit hergestellten Papiersorten spielt darüber hinaus die Kalibration eine wichtige Rolle, da eine zuverlässige Referenz-Feuchtemessung in der Anlage sehr schwierig ist.

Einen neuen Ansatz bietet hier das mikrowellenbasierte Materialfeuchtemesssystem MOIST xP, welches auf einem Baukastensystem verschiedener Mikrowellensensoren beruht. Dieses bietet vielfältige Lösungsmöglichkeiten für die oben dargestellten Messaufgaben.

Der Beitrag erläutert die zugrundeliegenden Messprinzipien, verschiedene Ausführungsformen derzeit verfügbarer Mikrowellensensoren sowie für eine Auswahl von Anwendungsfällen technische Lösungskonzepte.

hf sensor

Mikrowellen-Feuchtemessung an planaren Materialien wie Papier und Pappe

hf sensor GmbH
Weißenfelser Strasse 67
04229 Leipzig

hf sensor GmbH – Feuchtemessung an planaren Materialien

Grundlagen

hf sensor

Mikrowellenbasierte Feuchtemessverfahren bieten viele Vorteile:

- Dank der herausragenden physikalischen Eigenschaften des Wassers im Mikrowellenbereich ist der Messeffekt stark ausgeprägt
- Gute Performance bezüglich Messgeschwindigkeit, Messgenauigkeit und technischem Aufwand
- Echtzeitmessung
- Leichte Automatisierbarkeit
- Zerstörungsfreie und berührungslose Messungen sind möglich
- Große Vielfalt von Messprinzipien (Reflexion, Transmission, Resonanzparameter usw.)
- Unabhängigkeit von ionischen Leitfähigkeiten
- Ausreichend große und an die Anwendung adaptierbare Messvolumina
- Verschiedene Eindringtiefen möglich

hf sensor GmbH – Feuchtemessung an planaren Materialien

Grundlagen

hf sensor

Dielektrische Eigenschaften von Wasser:

Wasser ist ein polares Molekül.

Seine Eigenschaften im elektromagnetischen Wechselfeld werden mit der komplexen Dielektrizitätszahl (DZ) beschrieben.

$$\underline{\varepsilon} = \varepsilon' - j\,\varepsilon''$$

Es gilt die Relaxationsformel, die die Frequenzabhängigkeit der DZ beschreibt.

$$\underline{\varepsilon} = \varepsilon_\infty + \frac{\varepsilon_s - \varepsilon_\infty}{1 + j2\pi\ f\ \tau_{eff}}$$

hf sensor GmbH – Feuchtemessung an planaren Materialien

Grundlagen

hf sensor

Dielektrische Eigenschaften des Wassers

Die Frequenzabhängigkeit von Wasser kann z. B. durch das Cole-Cole-Diagramm dargestellt werden.

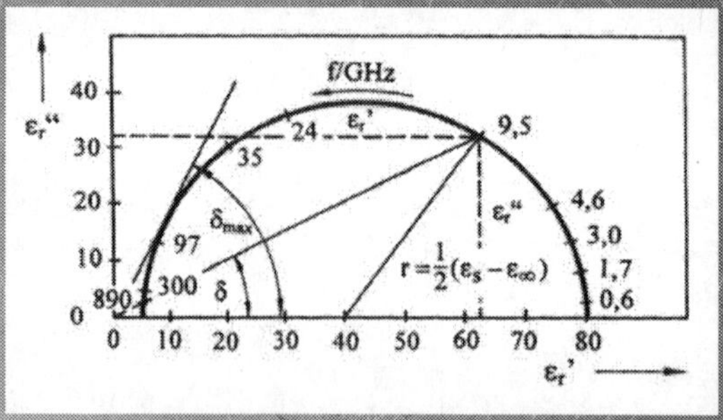

hf sensor GmbH – Feuchtemessung an planaren Materialien

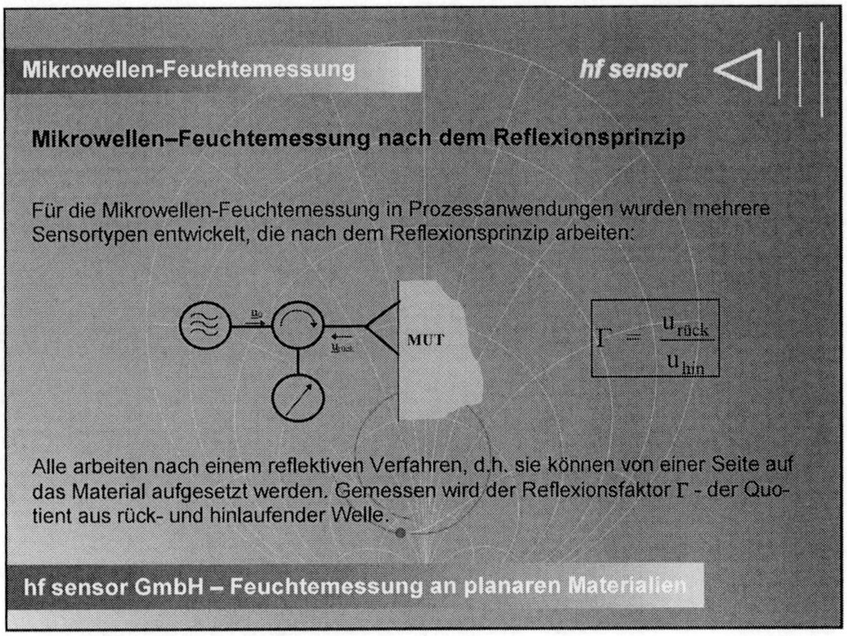
Mikrowellen-Feuchtemessung
hf sensor
Mikrowellen–Feuchtemessung nach dem Reflexionsprinzip
Für die Mikrowellen-Feuchtemessung in Prozessanwendungen wurden mehrere Sensortypen entwickelt, die nach dem Reflexionsprinzip arbeiten:
MUT
$\Gamma = \frac{u_{rück}}{u_{hin}}$
Alle arbeiten nach einem reflektiven Verfahren, d.h. sie können von einer Seite auf das Material aufgesetzt werden. Gemessen wird der Reflexionsfaktor Γ - der Quotient aus rück- und hinlaufender Welle.
hf sensor GmbH – Feuchtemessung an planaren Materialien

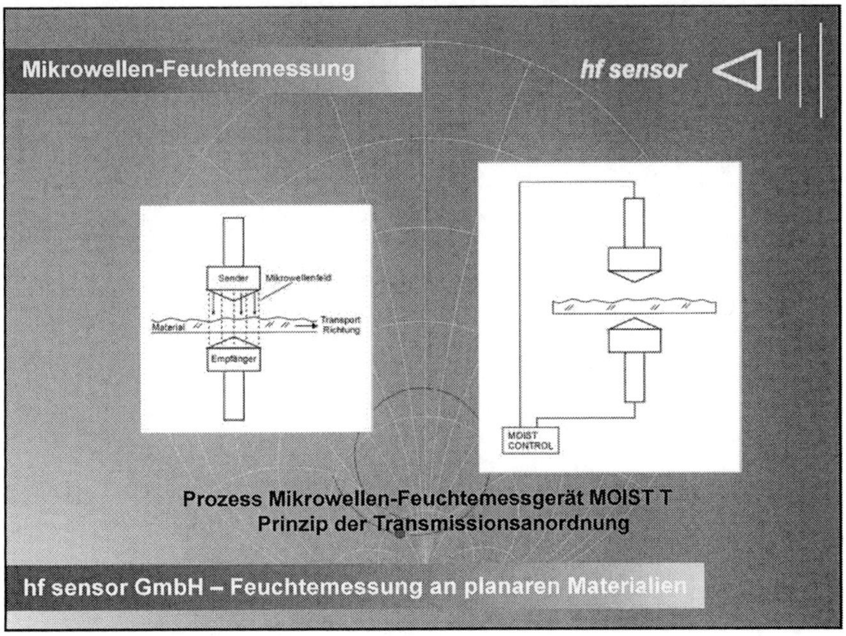
Mikrowellen-Feuchtemessung
hf sensor
Sender
Mikrowellenfeld
Material
Transport Richtung
Empfänger
MOIST CONTROL
Prozess Mikrowellen-Feuchtemessgerät MOIST T
Prinzip der Transmissionsanordnung
hf sensor GmbH – Feuchtemessung an planaren Materialien

Mikrowellen-Feuchtemessung

hf sensor

Messgerätetyp Reflexion	Messgerätetyp Transmission
•MOIST R2P 100 (Oberflächensensor in Prozessausführung)	•MOIST T (Transmissionsanordnung) mit Sender und Empfänger
•MOIST R2P 200 (Oberflächensensor in Prozessausführung für hohe Präzision)	
•MOIST R2P 220 (Oberflächensensor in Prozessausführung für hohe Präzision und hohe Geschwindigkeit)	
•MOIST CONTROL (Steuereinheit für komplexe Messvorgänge)	•MOIST CONTROL (Steuereinheit für Sender und Empfänger)

hf sensor GmbH – Feuchtemessung an planaren Materialien

MOIST xP-Sensoren

hf sensor

Generelle Eigenschaften von MOIST xP – Prozess-Feuchtesensoren:

- Reflektives Messprinzip
- Verschiedene Feldreichweiten möglich (1 cm – 30 cm)
- Programmierbare Kompaktsensoren mit integriertem Mikrocontroller
- Daher in einfachen Anwendungen als Stand-Alone-Lösung einsetzbar
- Hinterlegung von bis zu 8 Kalibrierkurven im Sensor möglich
- Stromversorgung 24 VDC/100 mA (600 mA mit Heizung)
- MSR-Schnittstellen: 4 – 20 mA + Stoffumschaltung binär + Störmeldung, Profibus (optional), Profinet (optional)
- Schnittstellen intern: RS485 Bussystem mit bis zu 30 Slaves
- Programmier-Schnittstelle: RS485
- Mögliche Prozessanschlüsse: Planarflansch, Triclamp

hf sensor GmbH – Feuchtemessung an planaren Materialien

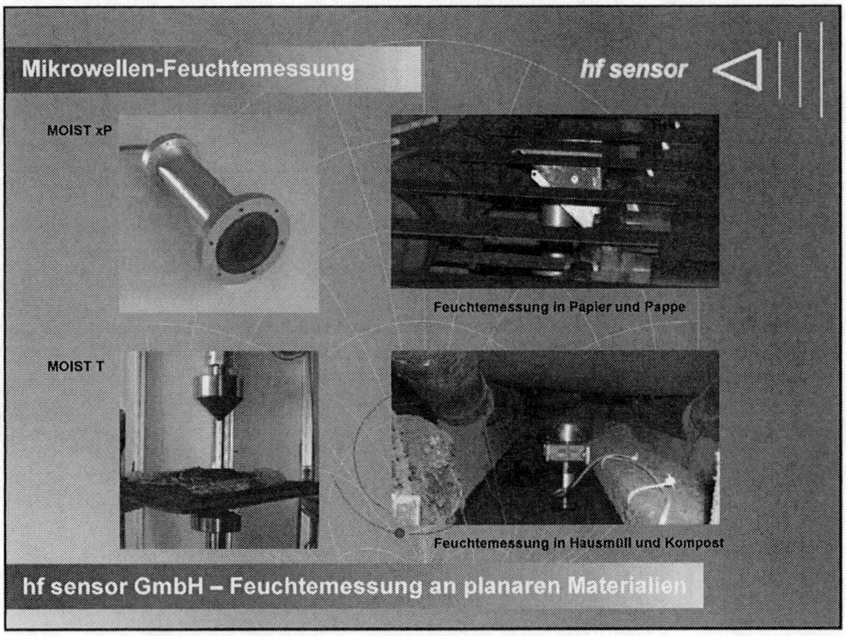
Mikrowellen-Feuchtemessung
hf sensor
MOIST xP
Feuchtemessung in Papier und Pappe
MOIST T
Feuchtemessung in Hausmüll und Kompost
hf sensor GmbH – Feuchtemessung an planaren Materialien

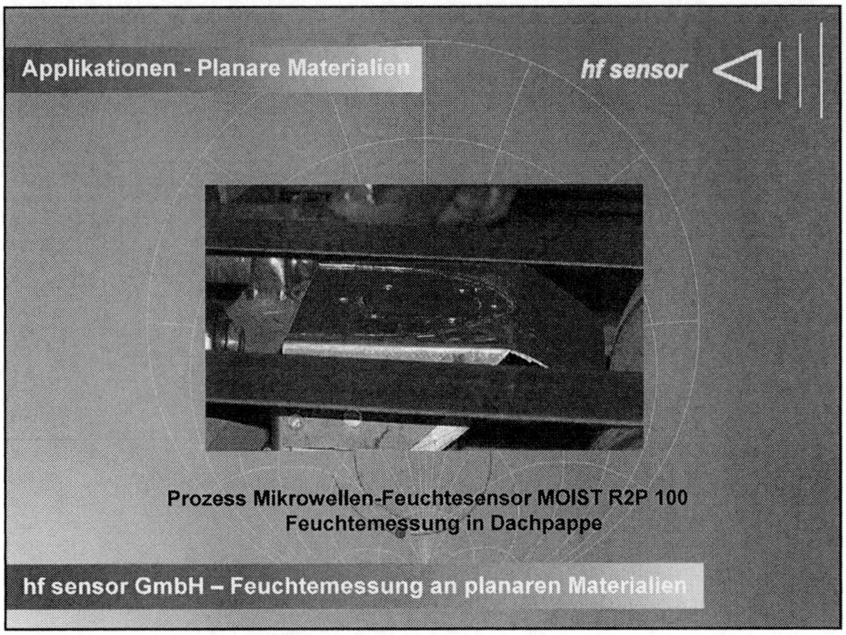
Applikationen - Planare Materialien
hf sensor
Prozess Mikrowellen-Feuchtesensor MOIST R2P 100
Feuchtemessung in Dachpappe
hf sensor GmbH – Feuchtemessung an planaren Materialien

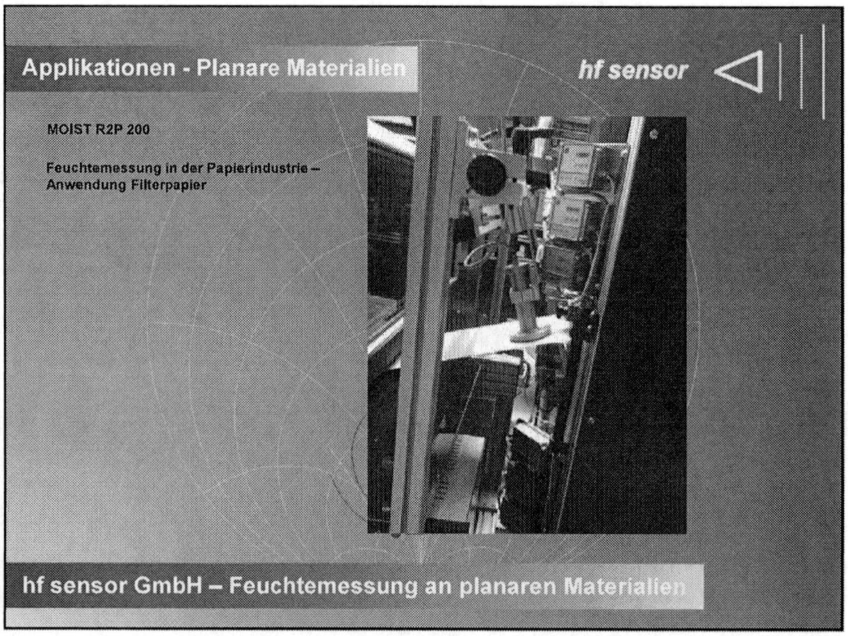
Applikationen - Planare Materialien
hf sensor
MOIST R2P 200
Feuchtemessung in der Papierindustrie –
Anwendung Filterpapier
hf sensor GmbH – Feuchtemessung an planaren Materialien

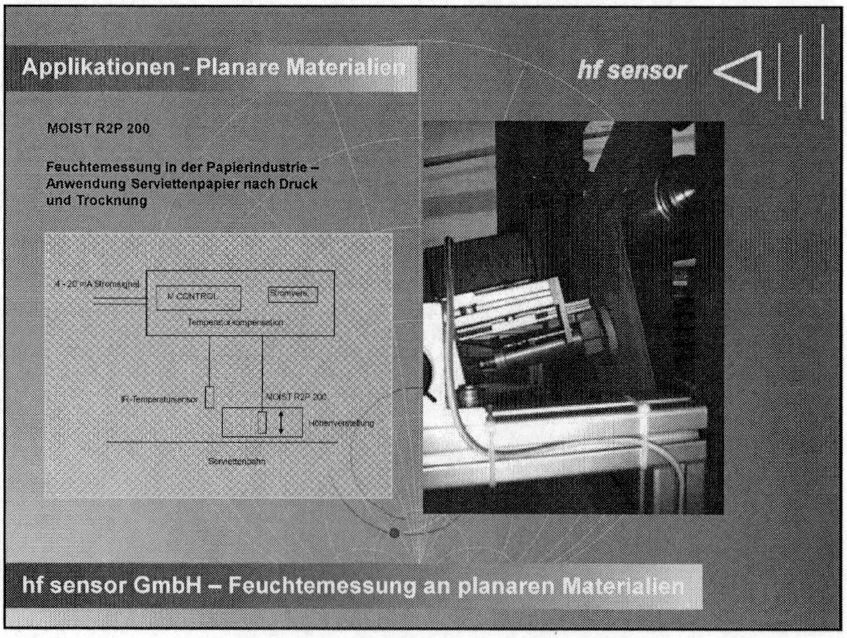
Applikationen - Planare Materialien
hf sensor
MOIST R2P 200
Feuchtemessung in der Papierindustrie –
Anwendung Serviettenpapier nach Druck
und Trocknung
4 - 20 mA Stromsignal
IR-Temperatursensor
Höhenverstellung
Serviettenbahn
hf sensor GmbH – Feuchtemessung an planaren Materialien

Applikationen - Planare Materialien
hf sensor
MOIST R2P 200 – Feuchtemessung an Pergamentpapier
hf sensor GmbH – Feuchtemessung an planaren Materialien

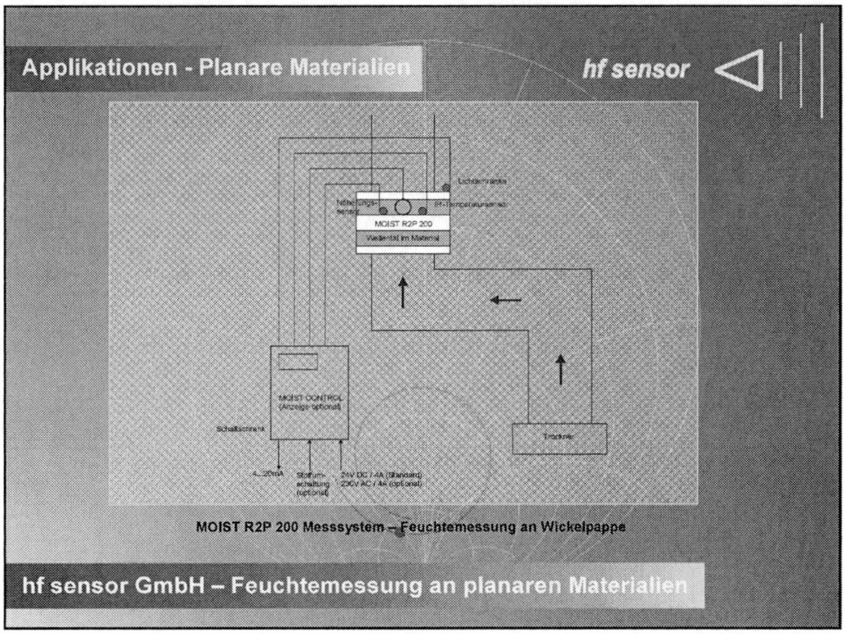
Applikationen - Planare Materialien
hf sensor
MOIST R2P 200
Wellental im Material
MOIST CONTROL
(Anzeige optional)
Trockner
24V DC / 4A (Standard)
230V AC / 4A (optional)
(optional)
MOIST R2P 200 Messsystem – Feuchtemessung an Wickelpappe
hf sensor GmbH – Feuchtemessung an planaren Materialien

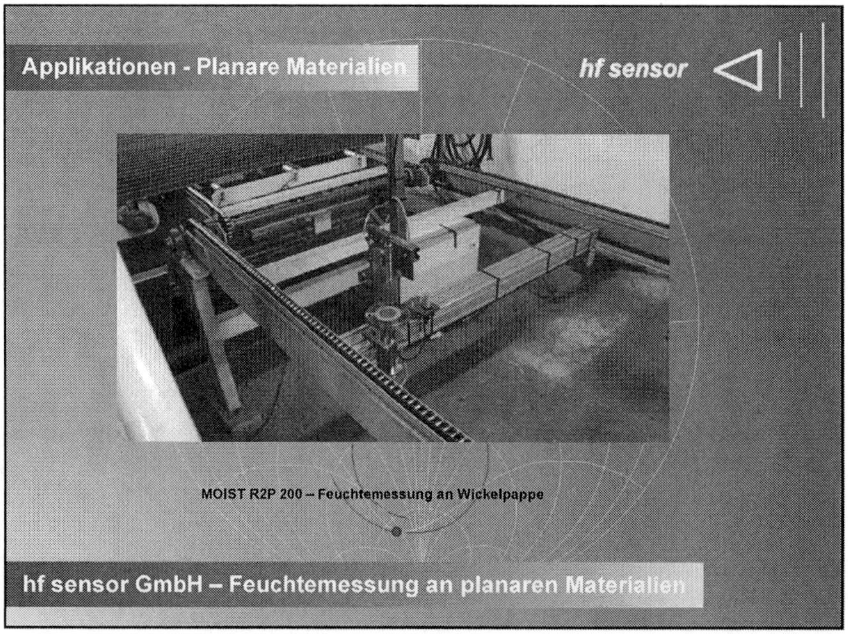
Applikationen - Planare Materialien
hf sensor
MOIST R2P 200 – Feuchtemessung an Wickelpappe
hf sensor GmbH – Feuchtemessung an planaren Materialien

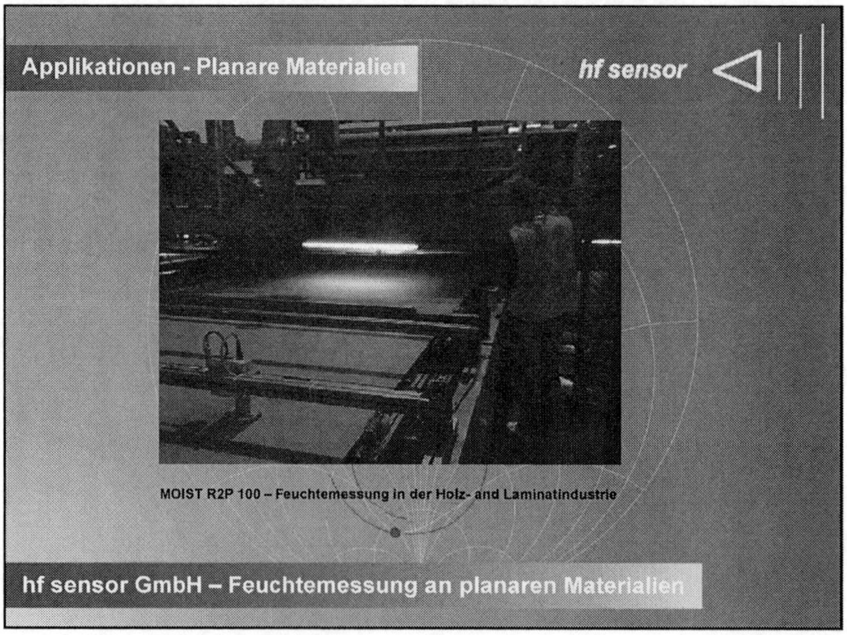
Applikationen - Planare Materialien
hf sensor
MOIST R2P 100 – Feuchtemessung in der Holz- and Laminatindustrie
hf sensor GmbH – Feuchtemessung an planaren Materialien

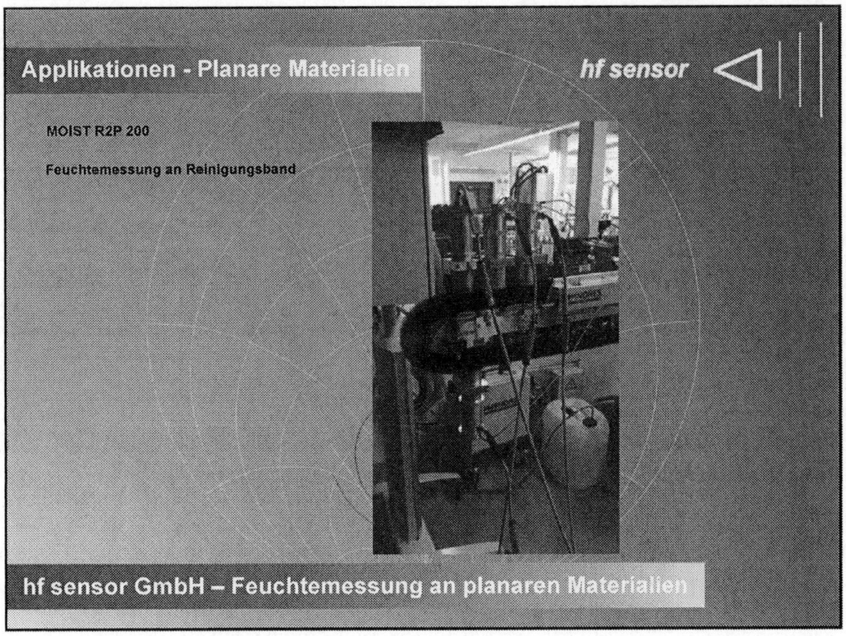
Applikationen - Planare Materialien
hf sensor
MOIST R2P 200
Feuchtemessung an Reinigungsband
hf sensor GmbH – Feuchtemessung an planaren Materialien

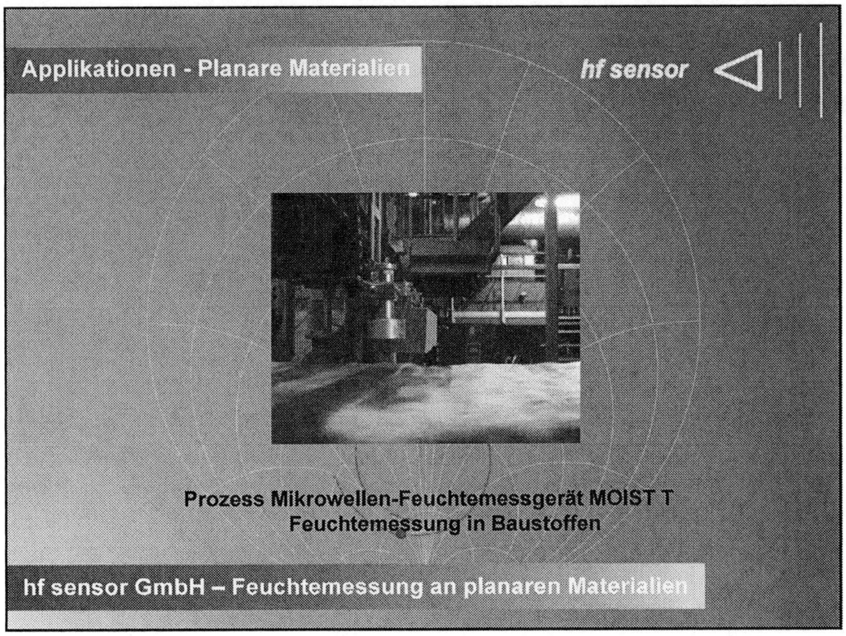
Applikationen - Planare Materialien
hf sensor
Prozess Mikrowellen-Feuchtemessgerät MOIST T
Feuchtemessung in Baustoffen
hf sensor GmbH – Feuchtemessung an planaren Materialien

Mikrowellen-TS-Messung in wässrigen Flüssigkeiten

Arndt GÖLLER [1], Björn JUNGSTAND [1]
[1] hf sensor GmbH, Leipzig
Kontakt E-Mail: sales@hf-sensor.de

Kurzfassung. In vielen Prozessen in der Industrie, Landwirtschaft und Energieerzeugung ist der Feststoff- bzw. TS-Gehalt von Einsatzstoffen sowie Zwischen- und Endprodukten ein wichtiger Parameter für deren Charakterisierung.

Die enge Verbindung des TS-Anteils mit verschiedenen weiteren Prozessparametern und Prozessanforderungen wie z.B. Pumpfähigkeit eines Mediums, Verschleißschutz bei Pumpen und Rührwerken, Gasproduktionsrate und organischer Stoffabbau, die Verfolgung des Prozessverlaufs und die Erlangung von Prozesssicherheit gestattet bei kontinuierlicher messtechnischer Erfassung der TS-Kennwerte eine stark verbesserte Prozesskontrolle. Oftmals erfolgt die TS-Beprobung auch heute nur manuell und stichprobenartig, wobei die Ergebnisse oft erst nach Tagen vorliegen. Dies stellt für den Einsatz von TS-Sensoren mit den richtigen Eigenschaften wie einfacher Einbau, Nutzer- und Wartungsfreundlichkeit und standardisierter Kalibrationsablauf eine große Chance dar.

Darüber hinaus gibt es Anwendungsfälle, bei denen in Mehrstoffgemischen zusätzlich auch der Wassergehalt oder andere Parameter interessieren. Die Erfassung zweier solcher Parameter ist mit einem eindimensionalen Messverfahren ganz gleich welcher physikalischen Grundlage nicht möglich. Mikrowellenspektroskopische Messverfahren in Verbindung mit einem multivariaten Ansatz zur Datenauswertung sind für die Lösung derartiger Messaufgaben hingegen gut geeignet.

Der Beitrag erläutert die zugrundeliegenden Messprinzipien, verschiedene Ausführungsformen derzeit verfügbarer Mikrowellen-TS-Messsysteme sowie für eine Auswahl von Anwendungsfällen Ergebnisse aus bisher durchgeführten Untersuchungen.

1. Einleitung

In vielen Prozessen in der Industrie, Landwirtschaft und Energieerzeugung ist der Feststoff- bzw. TS-Gehalt von Einsatzstoffen sowie Zwischen- und Endprodukten ein wichtiger Parameter für deren Charakterisierung.

Die enge Verbindung des TS-Anteils mit verschiedenen weiteren Prozessparametern und Prozessanforderungen wie z.B. Pumpfähigkeit eines Mediums, Verschleißschutz bei Pumpen und Rührwerken, Gasproduktionsrate und organischer Stoffabbau, die Verfolgung des Prozessverlaufs und die Erlangung von Prozesssicherheit gestattet bei kontinuierlicher messtechnischer Erfassung der TS-Kennwerte eine stark verbesserte Prozesskontrolle. Oftmals erfolgt die TS-Beprobung auch heute noch nur manuell und stichprobenartig, wobei die Ergebnisse oft erst nach geraumer Zeit, teilweise erst nach Tagen vorliegen. Dies stellt für den Einsatz von TS-Sensoren mit den richtigen Eigenschaften wie einfacher Einbau, Nutzer- und Wartungsfreundlichkeit und standardisierter Kalibrationsablauf eine große Chance dar.

Der Beitrag erläutert die zugrundeliegenden Messprinzipien, verschiedene Ausführungsformen derzeit verfügbarer Mikrowellen-TS-Messsysteme sowie für eine Auswahl von Anwendungsfällen Ergebnisse aus bisher durchgeführten Untersuchungen.

2. Mikrowellensensorik zur schnellen Trockensubstanzbestimmung

Die physikalischen Voraussetzungen der Mikrowellen-TS-Messung sind in den besonderen dielektrischen Eigenschaften des Wassers zu finden. Wasser ist ein polares Molekül, d.h. die örtlichen Schwerpunkte der Ionenladungen fallen innerhalb des Moleküls nicht zusammen. Dieser Effekt wird makroskopisch durch die physikalische Größe Dielektrizitätskonstante (DK) bzw. Permittivität gekennzeichnet.

$$\underline{\varepsilon} = \underline{\varepsilon}_r \, \varepsilon_0 \quad (1)$$

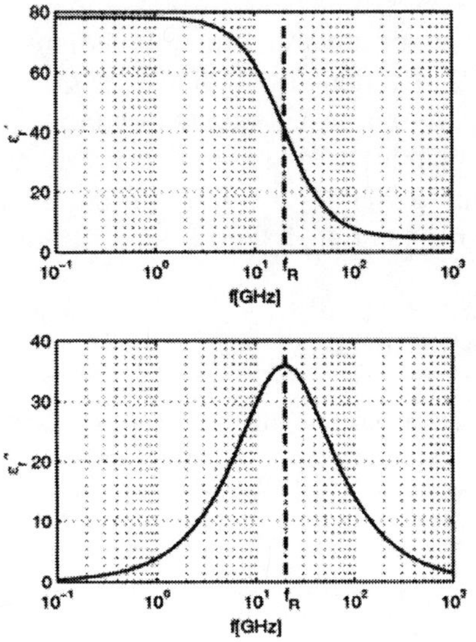

Abb. 1 Frequenzabhängigkeit des Real- und Imaginärteils der DK von Wasser

Der dielektrische Effekt ist bei Wasser so stark ausgeprägt, dass die relative DK von Wasser etwa 80 beträgt (siehe Abb. 1). Die relative DK der meisten Feststoffe ist wesentlich kleiner, sie liegt im Bereich von 2 ...10. Wegen des großen Unterschiedes zum Wasser lassen sich bereits kleine Feststoffmengen schon gut detektieren.

Für TS-Messungen kommen reflektiv arbeitende Mikrowellen-Anordnungen in Frage (Abb. 2). Bei diesen wird aus einer Antenne eine elektromagnetische Welle sehr niedriger Energie ins Material eingestrahlt und zeitgleich der aus dem Material reflektierte Anteil der eingestrahlten Welle erfasst. Der reflektierte Anteil ist abhängig von den dielektrischen Eigenschaften des untersuchten Materials und damit vom Wasser- bzw. Trockensubstanzgehalt. Während der Messung wird der Quotient aus der reflektierten und der eingestrahlten Welle gebildet, so dass die Messung unabhängig von der eingestrahlten Leistung ist.

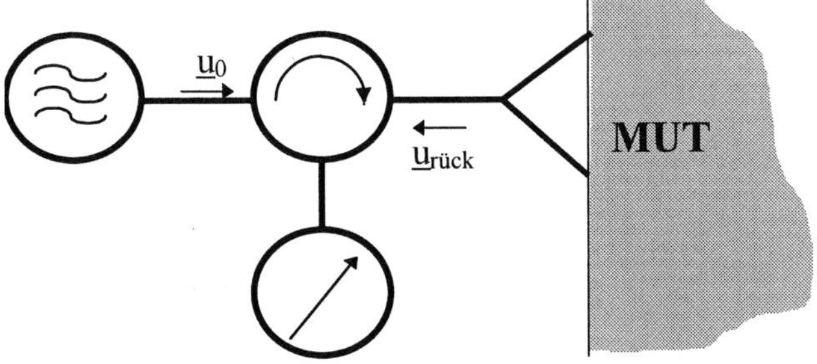

Abb. 2 Prinzip reflektive Mikrowellen-TS-Messung

Speziell für die TS-Messung optimierte Mikrowellenapplikatoren können ohne direkten Medienkontakt über dielektrische Koppelelemente von außen sowohl in Behälter als auch in Edelstahl-Rohrleitungen eingebracht werden. Die Mikrowellenstrahlung durchdringt das dielektrische Fenster im Führungsrohr oder Schauglas und erfasst ein repräsentatives Probenvolumen. Dies ist mit einer Eindringtiefe bis zu 8 cm deutlich größer als z.B. bei infrarotoptischen Messverfahren, bei denen die Eindringtiefe lediglich im Bereich einiger Millimeter liegt. Ein weiterer Vorteil ist wegen der Messfrequenz im Mikrowellenbereich die Nichtbeeinflussung des gesamten Vorgangs durch wechselnde pH-Werte oder durch die Leitfähigkeit des Messmediums.

Mikrowellenverfahren zur TS-Messung haben viele Vorteile, sie sind schnell und genau, einfach automatisierbar, arbeiten zerstörungsfrei, nicht medienkontaktierend und in großen Messvolumina. Durch den nicht vorhandenen Medienkontakt gibt es keine Probleme mit Besiedlung, Filmbildung, Verblockung u.ä. Auch die Messung hoher TS-Gehalte ist möglich. Mikrowellen-TS-Sensoren sind nachrüstbar und langzeitstabil. Die eingestrahlte Mikrowellenleistung kann sehr klein gehalten werden. Prinzipbedingt ist das Verfahren nicht anfällig gegen Störungen durch Änderungen in pH-Wert oder Leitfähigkeit.

3. Bauformen von Mikrowellen-TS-Sensoren

Tabelle 1 Bauformen von Mikrowellen-TS-Sensoren

Sensortyp	**Ausführung**	**Anwendung**	**Besonderheiten**
MWTS PP 200	Basisbauform (hochauflösender Planarsensor)		
MWTS PP tube TK	Rohrleitungsensor mit Koppelflansch	TS-Messung an Kunststoff-Rohrleitungen ab DA140	Montage von außen ohne Medienkontakt
MWTS PP guard TK	TS-Sensor im Führungsrohr	TS-Messung an Behältern und in Stahl-Rohrleitungen ab DN100	Garnitur mit T-Stück Montage im medienberührten Führungsrohr
MWTS PP view TK	TS-Sensor montiert an Schauglasarmatur	TS-Messung in Stahl-Rohrleitungen ab DN40 bis DN150	Garnitur mit Adapter und handelsüblicher Schauglasarmatur
MWTS PP SPEC TK	Reflektiver spektroskopischer Mikrowellensensor montiert an Schauglasarmatur	Messung von TS- und Wassergehalt in Vielstoffgemischen in Stahl-Rohrleitungen ab DN40 bis DN150	Garnitur mit Adapter und handelsüblicher Schauglasarmatur
MWTS T	Transmittives spektroskopisches Mikrowellen-TS-Messsystem montiert in Hochdruckmesszelle	Messung von TS- und Wassergehalt in Vielstoffgemischen in Stahl-Rohrleitungen ab DN25 bis DN50 bei hohen Drücken bis 80 bar und hohen Temperaturen bis 100°C	Mikrowellen-TS-Messsystem montiert in Hochdruckmesszelle
MWTS PP screw	TS-Sensor für Schneckenmontage	Förderschnecken	Montage an Förderschnecke (Durchbruch nötig)
MWTS N	Eintauchsensor	Mobile TS-Messung in Verbindung mit Handgerät der MOIST-Serie	Mobile TS-Sonde

Auf dieser Basis wurden die Prozess-Sensoren der Serie MWTS für den Einsatz in verschiedenen Anwendungen in der Energieerzeugung, Umwelttechnik, Industrie und Landwirtschaft entwickelt. Diese beruhen auf einem standardisierten Baukastensystem von verschiedenen Mikrowellen- und Digitalelektroniken, die mit den für die jeweiligen Anwendungen geeigneten Mikrowellenapplikatoren kombiniert werden können. Derzeit verfügbare Bauformen von Mikrowellen-TS-Sensoren sind in Tabelle 1 zu finden.

Für die teilweise sehr unterschiedlichen Applikationen steht ein Set von TS-Sonden zur Verfügung, die nach denselben Messprinzipien arbeiten, jedoch unterschiedlich konfektioniert sind. Hiervon werden nachfolgend einige typische Konfigurationen vorgestellt.

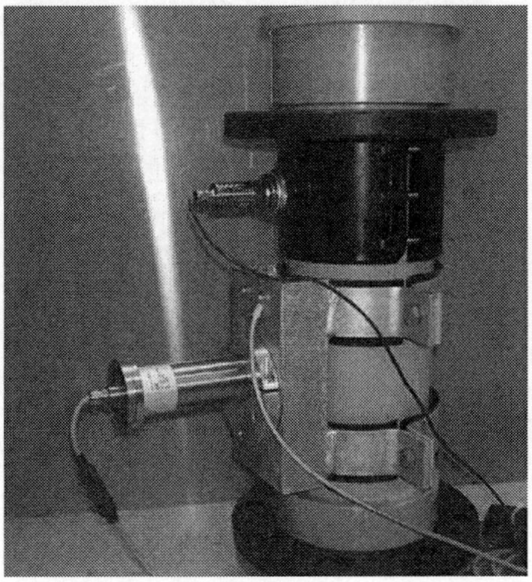

Abb. 3 Mikrowellen-TS-Sensor MWTS PP tube TK inkl. Rohrstück

Abb. 4 Mikrowellen-TS-Sensor MWTS PP guard mit Führungsrohr, Schutzkappe und Flansch

Der Prozess-TS-Sensor MWTS PP tube TK in Abb. 3 wird über einen Rohrschlitten an einem Rohrstück ab DA140 aus HDPE oder PVC-U montiert. Die Befestigung des zur Temperaturkompensation benötigten PT100-Temperatursensors erfolgt mittels einer Anbohrschelle an einer Stelle, an der keine starken Temperaturschwankungen auftreten. Bei einer 8 mm dicken Wandung der Rohrleitung (z. B. DA160) ist mit MWTS PP tube noch eine Eindringtiefe von 6 cm realisierbar.

MWTS PP guard (Abb. 4) wird mit einem Führungsrohr ins Medium eingebracht. Das Führungsrohr ist mit einem 4 mm starken Koppeldielektrikum aus einem Hochleistungskunststoff zum Medium hin abgedichtet, durch die die Antenne hindurch strahlt. Mit MWTS PP guard werden Eindringtiefen bis zu 8 cm erreicht.

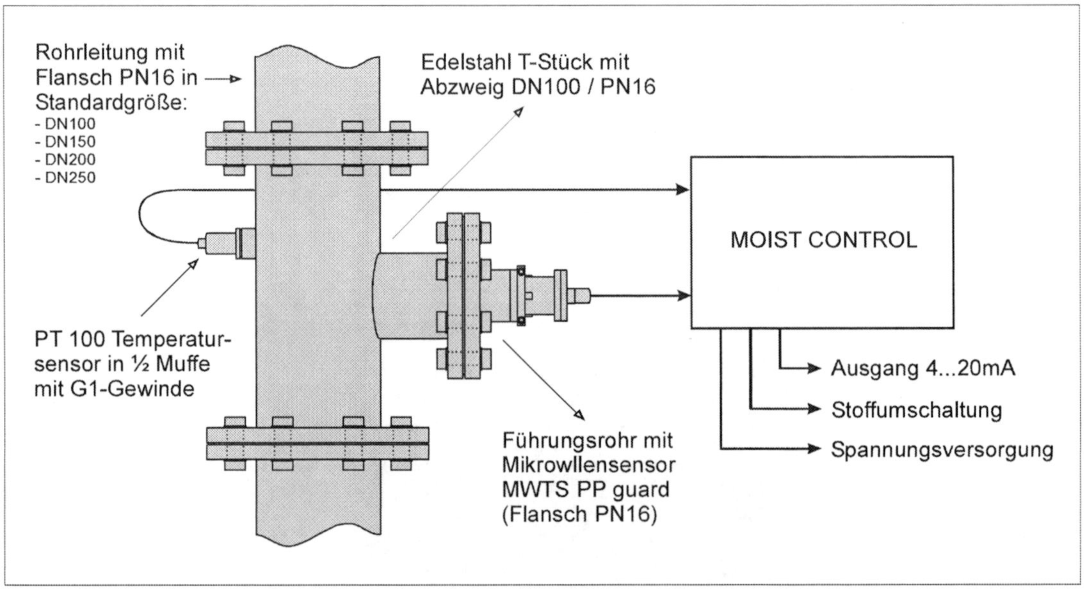

Abb. 5 Messsystem MWTS PP guard TK an einem T-Stück

Das Messsystem MWTS PP guard TK wurde für die besonderen Anforderungen bei der Messung des Trockenstoffgehalts von wässrigen Medien in Rohrleitungen oder Behältern aus Edelstahl entwickelt (Abb. 5). Es besteht aus dem Mikrowellen-TS-Sensor MWTS PP guard, einem PT100 Temperatursensor und der Steuereinheit MOIST CONTROL, welche die Schnittstelle zum Benutzer bildet. Die Konfektionierung des TS-Messsystems kann mit einem T-Stück für die Montage in Rohrleitungen ergänzt werden.

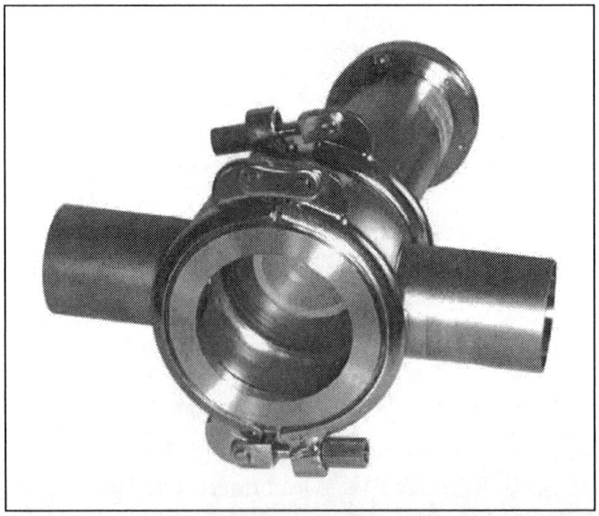

Abb. 6 Mikrowellen-TS-Sensor MWTS PP montiert an einer Schauglasarmatur VARINLINE®

Für zahlreiche Industrieanwendungen ist eine kontinuierliche Überwachung des Trockensubstanzgehalts von wässrigen Medien innerhalb hermetisch geschlossener Rohrleitungssysteme notwendig. Insbesondere bei der Herstellung von Lebensmitteln und pharmazeutischen Erzeugnissen wird dabei auch die totraumfreie Auslegung aller Komponenten mit Medienkontakt gefordert. Für Messaufgaben in diesem Anwendungsbereich kann der Mikrowellen-TS-Sensor MWTS PP 200 (Abb. 6) der hf sensor GmbH mit einer Schauglasarmatur aus der Serie VARINLINE® kombiniert werden. Zusätzliche Vorteile diesere Variante bestehen darin, dass keine Veränderungen an medienberührenden Teilen der Armatur notwendig sind und so die Zulassungen des Herstellers (bezüglich Hygiene, Lebensmittel usw.) erhalten bleiben.

4. Einsatzfälle von Mikrowellen-TS-Sensoren

4.1 Inline-TS-Bestimmung in der Beschickung von Biogasanlagen

Der TS-Gehalt ist in Biogasanlagen eine wichtige Messgröße für das statische und dynamische Verhalten im Substrat aus Sicht der Gasausbeute, der Prozesskontrolle, der Überwachung von Mischvorgängen verschiedener Stoffströme, der Konsistenz gepumpter Medien und dem Schutz einzelner Anlagenteile wie Rührwerke und Pumpen vor Überlastung. Dabei ist je nach Anwendung mit unterschiedlichen TS-Werten zu rechnen, die typisch im Bereich zwischen 2% und 20% liegen.

Aus der großen Vielfalt von genutzten Substraten im Bereich der Biogaserzeugung ergeben sich ständig wechselnde Anforderungen in Bezug auf die Charakterisierung der Inputmaterialien. Waren es zu Beginn im wesentlichen NaWaRo-Anlagen mit einem begrenzten Spektrum an eingehenden Substraten – im wesentlichen Gülle sowie Mais- und Grassilagen -, kamen im zeitlichen Verlauf immer mehr neue Materialgruppen hinzu. Dazu gehören zum einen weitere NaWaRo-Substrate wie z.B. Ganzpflanzenhäcksel von Triticale, Grünroggen, Kleegras, Zuckerhirse usw. sowie Substrate bestehend aus anderen Pflanzenbestandteilen wie z.B. Rübenhackschnitzel.

Abb. 7 Mikrowellen-TS-Sensor MWTS PP tube in einer Abfallvergärungsanlage

Vermehrt zum Einsatz kommen auch verschiedene energiehaltige Abfallprodukte aus der landwirtschaftlichen Produktion und Landschaftspflege wie Hühnermist, Pferdemist, Puteneinstreu, Grünschnitt und Laub usw. Alle diese Materialien sind organisch, die meisten sind natürlicher Herkunft und demzufolge in Bezug auf ihre chemisch-physikalische Zusammensetzung nicht exakt spezifizierbar. Dies stellt für die Bestimmung von Wasser- oder TS-Gehalten mit Hilfe indirekter physikalischer Verfahren wie dem Mikrowellen-Feuchtemessverfahren eine erhebliche Herausforderung dar. Diese ergibt sich vor allem daraus, dass für alle genannten Materialien und häufig auch für Mischungen aus diesen Materialien geeignete Kalibrierfunktionen gefunden werden müssen, die den Zusammenhang zwischen Mikrowellensignal und dem TS-Gehalt im Material beschreiben. Daneben gibt es neuere Entwicklungen im Bereich der Abfallbehandlung, bei denen organische Abfälle wie z.B. Speisereste oder Rückstände aus Fettabscheidern vergoren werden. All diese Materialien weisen zudem noch höchst unterschiedliche TS-Gehalte auf. Abb. 7 zeigt den Einsatz eines Mikrowellen-TS-Sensors MWTS PP tube in einer Abfallvergärungsanlage.

Abb. 8 Mikrowellen-TS-Sensor MWTS PP guard TK zur TS-Messung in Teich- und Gewässerschlämmen

4.2 Inline-TS-Bestimmung in Teich- und Gewässerschlämmen

Zur Renaturierung und Entschlammung werden natürliche und künstliche Gewässer mit Schwimmbaggern ausgebaggert bzw. ausgespült. Dabei steht permanent die Frage nach der Abrechnung der Entschlammungsleistung gegenüber Auftraggebern. Diese erfolgt über den TS-Gehalt und bisher unter Zuhilfenahme täglich gewonnener Mischproben, die in einem unabhängigen Labor per Darr-Trocknung auf ihren TS-Gehalt untersucht werden. Wegen der langen Dauer der Messung im Trockenschrank liegen Ergebnisse erst nach einigen Tagen vor.

Um eine Vorabrechnung bereits auf der Baustelle zu ermöglichen, werden Mikrowellen-TS-Senoren in Verbindung mit Volumenstrom-Messgeräten nach dem MID-Prinzip eingesetzt. Das dargestelte Beispiel zeigt einen Mikrowellen-TS-Sensor MWTS PP guard TK mit Temperaturkompensation in einer Dosieranlage für Biopolymere (Abb. 8).

4.3 Mobile TS-Bestimmung in Milch-Mix-Getränken

In der Nahrungsmittelindustrie steht ebenfalls häufig die Frage nach einer möglichst schnellen und einfachen Bestimmung des TS-Gehalts mit mobilen Messgeräten. Im nachfolgend beschriebenen Anwendungsfall wurde die Einsatzmöglichkeit des Eintauchsensors Typ MWTS N zur Trockensubstanzbestimmung in Milch-Mix-Getränken nachgewiesen.

Die in Abb. 9 ausgewiesenen Korrelationsbeziehungen zeigen einen sehr guten, engen Zusammenhang zwischen Mikrowelleneffekt und TS-Gehalt. Damit lässt sich eine mikrowellengestützte TS-Bestimmung mit dem Eintauchsensor MWTS N in für die untersuchten Milchprodukte sehr gut realisieren. Es muss beachtet werden, dass für jedes zu messende Material eine materialspezifsche Kalibrierung notwendig ist.

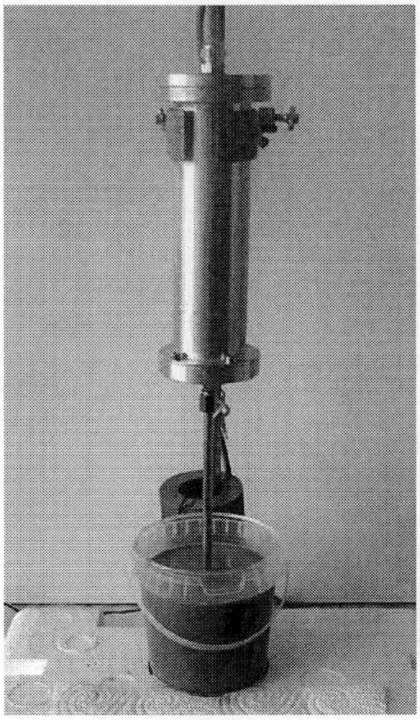

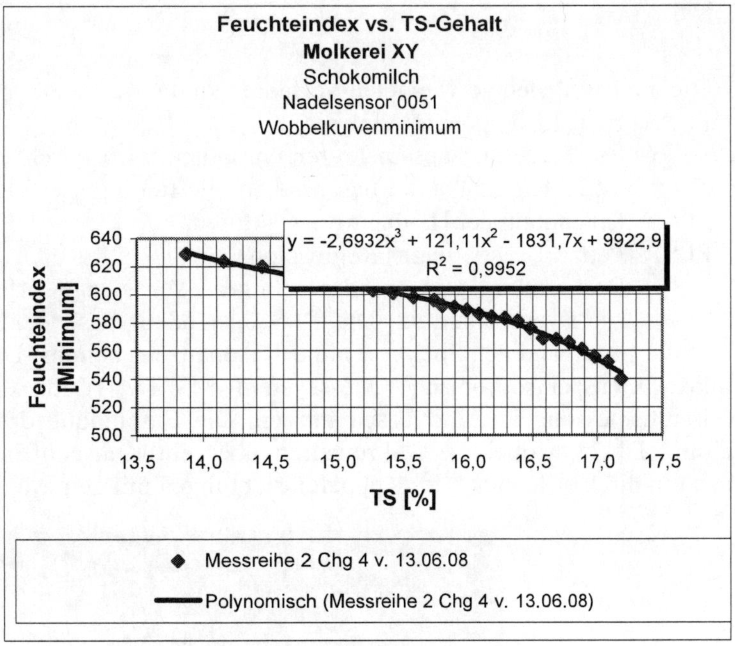

Abb. 9 TS - Messung an Schokomilch

5. Mikrowellenspektroskopische TS-Messungen mit multivariater Datenauswertung

Darüber hinaus gibt es Anwendungsfälle, bei denen in Mehrstoffgemischen zusätzlich auch der Wassergehalt oder andere Parameter interessieren. Die Erfassung zweier solcher Parameter ist mit einem eindimensionalen Messverfahren ganz gleich welcher physikalischen Grundlage nicht möglich.

In vielen Fällen spielen neben den physikalischen auch chemische Eigenschaften von Stoffgemischen eine Rolle. Dies trifft vor allem auf Stoffe zu, die erst unter Zugabe von Wasser und durch nachfolgende chemische Prozesse ihre eigentliche Konsistenz, Struktur oder Zusammensetzung erreichen. In diesen Stoffen liegen neben Wasser ggf. auch andere polare Substanzen vor, die eine einparametrige TS-Messung ebenfalls unmöglich machen.

Mikrowellenspektroskopische Messverfahren in Verbindung mit einem multivariaten Ansatz zur Datenauswertung sind für die Lösung derartiger Messaufgaben hingegen gut geeignet. Die von hf sensor entwickelten Mikrowellen-Messsysteme MWTS T zur Aufnahme von skalaren Spektren der Mikrowellen-Transmission und -Reflexion in einer Rohrleitungsmesszelle und MWTS PP SPEC für die rein reflektive mikrowellenspektroskopische Messung wurden in den vergangenen Jahren in verschiedenen solchen Anwendungen eingesetzt.

Bei mikrowellenspektroskopischen Messungen werden komplette Mikrowellenspektren aufgenommen. Die Auswirkung einzelner Stoffeinflüsse auf Bereiche des Spektrums ist unterschiedlich. Die Auswertung erfolgt durch Ablesen eines oder mehrerer Parameter aus dem Spektrum (z.B. bei Resonanzerscheinung) und die nachfolgende statistische Auswertung dieser Parameter oder aller Punkte des Spektrums mit Hilfe multivariater Verfahren.

Die Vorteile dieser Messmethodik bestehen darin, dass sich die Einflüsse unterschiedlicher Effekte trennen lassen. Die statistische Sicherheit ist bedeutend höher als bei nicht spektroskopische Auswertungen.

Multivariate Verfahren dienen zur statistischen Ermittlung von Zusammenhängen mehrerer Variablen und zur Datenreduktion bei den Messwerten.

Die am häufigsten verwendeten Verfahren sind

- PCA (Pricipal Component Analysis):
    - Ein Datensatz aus mehreren Variablen wird durch eine Linearkombination einiger Variablen annähernd beschrieben → Hierdurch erfolgt eine Datenreduktion und die Erkennung der Haupteinflussfaktoren.
- PLSR (Partial Least Squares Regression)
    - Bestimmung eines oder einiger Vorhersagewerte aus einem (sehr) großen Messwertedatensatz. Die PLSR ist damit besonders gut geeignet für Auswertung breitbandiger Spektren ohne Resonanzerscheinung.Die nachfolgende Abb. 10 zeigt

das mikrowellenspektroskopische Messsystem MWTS T für die kombinierte Reflexions- / Transmissionsmessung in Pyrolyseschlämmen. Die Einbindung des Messsystems erfolgt in einer Rohrleitung DN25, wobei die Mikrowellen über ein Kunststoffinnenrohr eingekoppelt werden. Damit ist ein direkter Kontakt der Koppeleinrichtungen mit dem Medium ausgeschlossen.

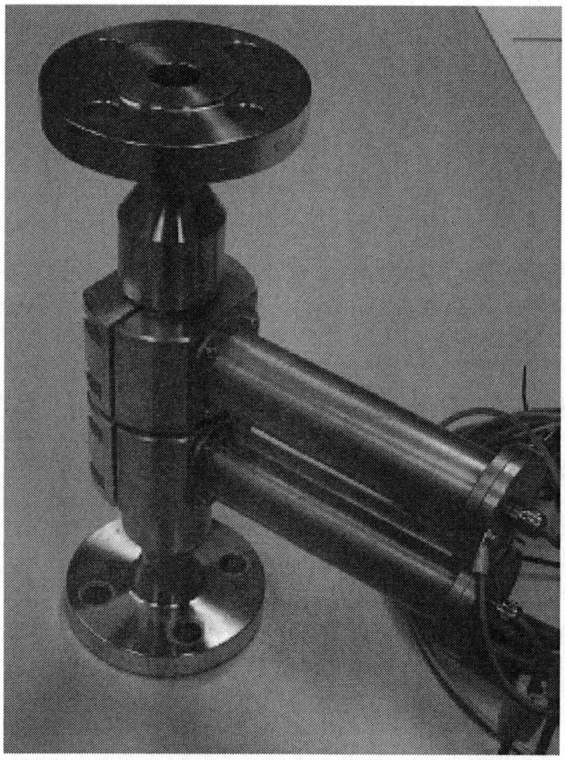

Abb. 10 Mikrowellen TS-Messzelle für kombinierte Reflexions-/Transmissionsmessung

Mit dem Messsystem wurden beim Auftraggeber erfolgreich mikrowellenspektroskopische Messungen durchgeführt, aus denen Angaben zum Wasser- und Feststoffgehalt in Pyrolyseslurries abgeleitet werden konnten. Die Auswertung der aufgenommenen Mikrowellenspektren erfolgte nach der Methode PLSR. Dabei wurde zunächst ein Kalibriermodell mit einem entsprechenden Parametersatz erarbeitet. Mit weiteren Spektren wurde dessen Validierung durchgeführt.

In Abb. 11 wird ein typisches Mikrowellen-Transmissionsspektrum gezeigt. Für die Auswertung dieser Spektren werden die geladenen Datensätze nach dem Zufallsprinzip in einen Kalibrier- und einen Validierdatensatz zerlegt. Um die optimale Kalibrierung für den gesamten Datensatz zu ermitteln, wird dieser Schritt mehrfach durchgeführt und am Ende aus der Gesamtheit der berechneten Kalibrierungen die optimalste ermittelt.

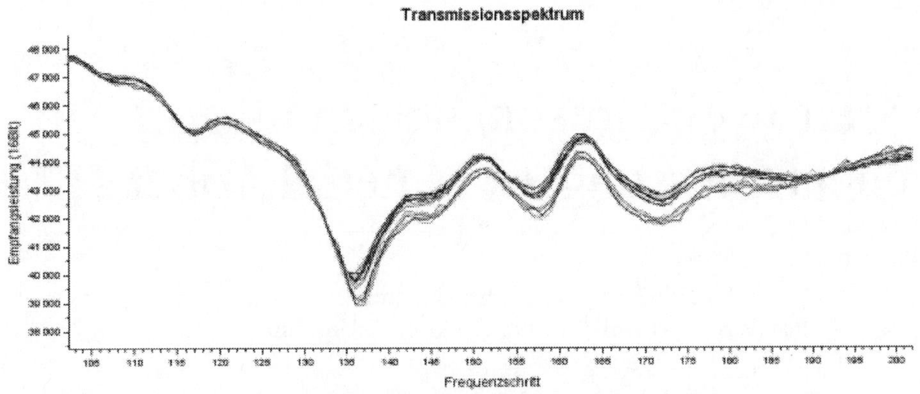

Abb. 11 Mikrowellen-Transmissionsspektrum

Die Anwendung des optimalen Kalibriermodells auf die zu messenden Pyrolyseschlämme ergab, wie in Abb. 12 dargestellt, eine sehr gute Übereinstimmung zwischen berechneten Werten und Referenzwerten.

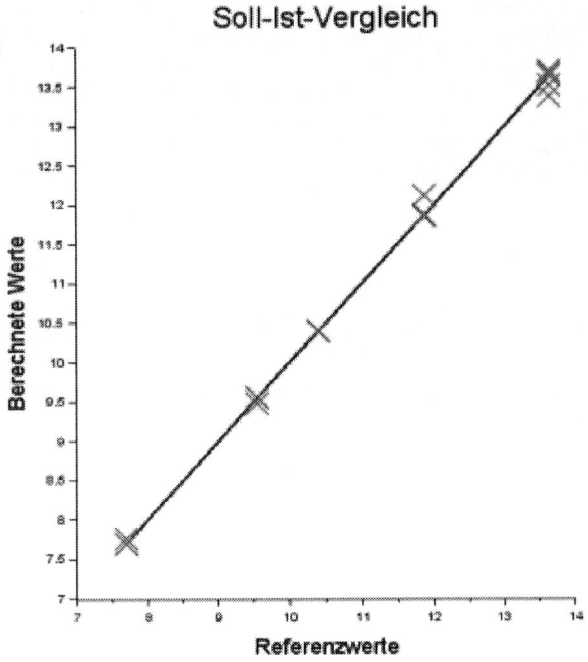

Abb. 12 Mikrowellen - Transmissionsspektrum

6. Zusammenfassung – Prozessstabilität dank Mikrowellen-TS-Sensorik

Dank langjähriger erfolgreicher Entwicklungsarbeit in verschiedensten Anwendungen steht heute ein umfangreiches Portfolio von Mikrowellensensoren für die TS-Messung zur Verfügung. Mit diesen ist eine Charakterisierung verschiedener wässriger Flüssigkeiten realisierbar. Damit ist durch kontinuierliche messtechnische Erfassung der TS-Kennwerte eine stark verbesserte Prozesskontrolle möglich.

Mikrowellenresonanztechnik zur Feuchtemessung an Materialproben

U. Schlemm[1], P. Rath[1], D. Strobel[1]
[1] TEWS Elektronik GmbH & Co. KG, Hamburg

Kurzfassung. Die dielektrischen Eigenschaften des Wassermoleküls bieten die Möglichkeit, mit einem schwachen Mikrowellenfeld den Wassergehalt von Feststoffen schnell, genau und zerstörungsfrei zu bestimmen. Wird ein Mikrowellenresonator als Sensor verwendet, so lassen sich aus der durch Produktproben hervorgerufenen Verschiebung und Dämpfung der Resonanz Feuchtewerte berechnen, die unabhängig von Dichte bzw. Masseschwankungen der Proben sind. Aufgrund des verwendeten Frequenzbereichs ist die Messung wasserselektiv und wird vom Salzgehalt der Probe nicht beeinflusst. Dem Verfahren sind Grenzen gesetzt bei sehr hoher Feuchte und bei veränderlicher Zusammensetzung der Proben. Mikrowellenresonanz-Sensoren werden in der Industrie für häufig durchzuführende Messungen an Schüttgütern, platten- und strangförmigen Materialien eingesetzt.

Mikrowellenresonanzmessung

Ein einfacher Hohlraum-Mikrowellenresonator besteht aus einem Hohlzylinder aus Metall, in dessen Wandung zwei Antennen eingebaut sind. Eine Antenne ist mit einem Mikrowellengenerator verbunden und erzeugt ein Wechselfeld, das laufend in einem bestimmten Frequenzbereich durchgestimmt wird. Im Inneren des Resonators bildet sich abhängig vom Durchmesser des Zylinders eine stehende Welle aus. Ein Mikrowellendetektor misst über die zweite Antenne die frequenzabhängige Transmission des Feldes.

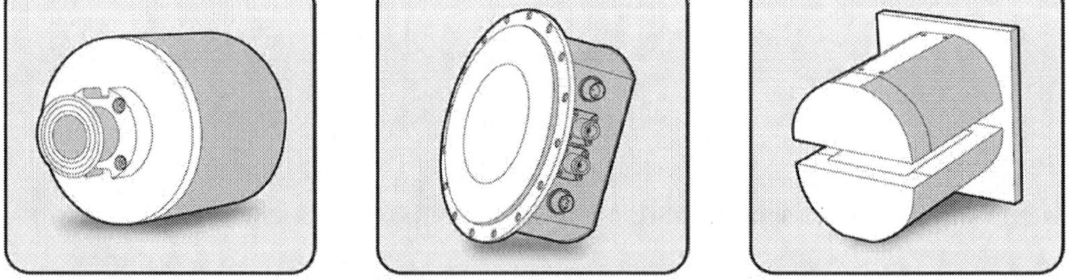

Bild 1: Bauformen von Mikrowellenresonatoren als Feuchtesensoren. Links: zylindrischer Hohlraumsensor für Schüttgut-Proben, Mitte: Planarsensor zum Einbau in Prozessanlagen, rechts: Spaltsensor für platten- und bandförmige Proben, Vliesstoffe etc.

Resonatoren können in verschiedenen Bauformen hergestellt werden (Bild 1), die eine einfache Handhabung zur Messung an Proben von Schüttgütern, Platten oder faserigen Stoffen zulassen. Die Proben werden in den Sensor eingeführt oder automatisch über die Sensoroberfläche gefördert.

Der Resonator weist – abhängig von seinen spezifischen Abmessungen – bei einer oder mehreren Frequenzen ein Maximum der Mikrowellentransmission auf. Diese Resonanz wird durch zwei Parameter charakterisiert, die Resonanzfrequenz und die Halbwertsbreite der Resonanzkurve (Bild 2).

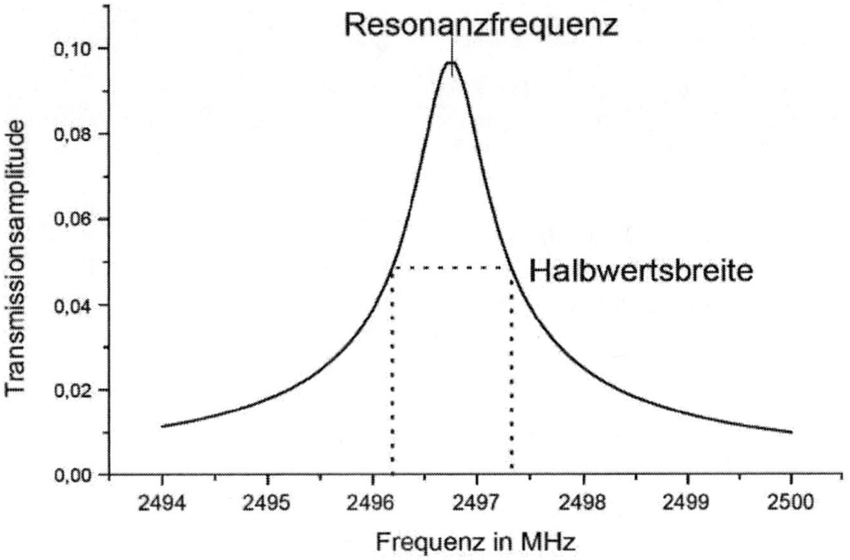

Bild 2: Mikrowellenresonanzkurve und beschreibende Parameter

Wird der Resonator mit einer Materialprobe gefüllt, verändern sich die beiden Kenngrößen der Resonanzkurve, wie Bild 3 veranschaulicht. Bedingt durch eine Wellenlängenverkürzung in der Probe sinkt die Resonanzfrequenz. Gleichzeitig wird die Resonanzkurve durch dielektrische Verluste, die in der Probe auftreten, verbreitert. Dielektrische Verluste entstehen dadurch, dass die im Material enthaltenen WasserDipole sich laufend nach dem elektromagnetischen Wechselfeld ausrichten und über die Reibung an den umgebenden Molekülen Feldenergie in Wärme umsetzen.

Bei den Messungen wird die Änderung der beiden Resonanzparameter erfasst. Somit ergeben sich als Messwerte die Verschiebung der Resonanzfrequenz und die Vergrößerung der Halbwertsbreite der Resonanzkurve. Da zwei voneinander unabhängige Parameter gemessen werden, können zwei Materialeigenschaften bestimmt werden. Dies sind zumeist die Materialfeuchte und die Dichte bzw. die Masse.

Die gemessenen Parameter beschreiben die Veränderungen der Resonanzkurve, deshalb müssen die Resonanzfrequenz und die Breite der Resonanzkurve des leeren Resonators ebenfalls bestimmt werden. Eine solche tarierende Leerresonanzmessung muss aber nicht vor jeder Messung erfolgen, wenn die Leerresonanzwerte im Messgerät gespeichert werden.

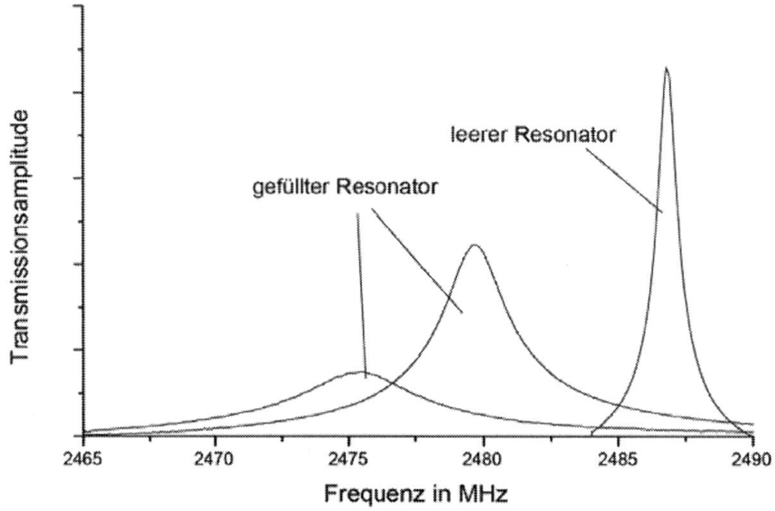

Bild 3: Resonanzkurven eines leeren und eines gefüllten Resonators. Lage und Form der Resonanzkurve werden beeinflusst, wenn eine Materialprobe in das Mikrowellenfeld eingeführt wird.

Auswertealgorithmus für die Feuchtemessung

Im Folgenden wird die Auswertung der Mikrowellenmessungen beschrieben:

Der erste gemessene Parameter ist die Resonanzfrequenzverschiebung A in Hz:

$$A = f_0 - f_m \qquad (1)$$

mit f_0: Resonanzfrequenz des leeren Resonators in Hz
f_m: Resonanzfrequenz des befüllten Resonators in Hz

Der zweite gemessene Parameter ist die Vergrößerung der Halbwertsbreite in Hz:

$$B = w_m - w_0 \qquad (2)$$

mit w_0: Halbwertsbreite des leeren Resonators in Hz
w_m: Halbwertsbreite des befüllten Resonators in Hz

Berechnung des dichteunabhängigen Mikrowellen-Feuchtewertes Φ:

$$\Phi = \arctan(B/A) \qquad (3)$$

Die beiden Parameter A und B sind in gleicher Weise abhängig von der Masse bzw. der Dichte des Messgutes. Aus diesem Grund ist der Quotient B/A unabhängig von Masse bzw. Dichte und hängt nur noch von der Feuchte des Messgutes ab. Der Arcustangens dieses Quotienten wird gebildet, damit der dichteunabhängige, dimensionslose Mikrowellen-Feuchtewert Φ einen Wert zwischen 0 und 1 einnimmt und somit eine sehr anschauliche Feuchtemessgröße darstellt.

Messverfahren und Auswertung werden ausführlich beschrieben z.B. von HAUSCHILD, 2005 [1].

Kalibrierung

Um mit dem indirekten Messverfahren die Anzeige eines Feuchtewerts in Prozent zu erhalten, muss eine Kalibrierung der Mikrowellenwerte gegen Referenzwerte erfolgen. Mit dem Ausdruck Feuchtewert bzw. Wassergehalt wird der Anteil des Wassers an der Gesamtmasse des Messguts bezeichnet. Als Referenzverfahren bieten sich gravimetrische

Messverfahren an, bei denen der Wassergehalt über den Gewichtsverlust beim Trocknen einer Probe bestimmt wird (LOD, loss on drying), oder direkte chemische Verfahren wie die Karl-Fischer-Titration.

In den meisten Fällen kann die Beziehung zwischen Materialfeuchte und dem Mikrowellenwert Φ als linear angenommen werden (Gleichung 4). Bei manchen Messgütern ist es allerdings vorteilhaft, eine nichtlineare, polynomische Beziehung zu verwenden (Gleichung 5).

$$u = a_1 \cdot \Phi + a_2 \quad (4)$$

$$u = a_1 \cdot \Phi^2 + a_2 \cdot \Phi + a_3 \quad (5)$$

mit u: Materialfeuchte in %
a_i: Kalibrationskoeffizienten
Φ: dimensionsloser Mikrowellen-Feuchtewert

Eine Feuchtekalibrierung kann außerdem über die Verschiebung der Resonanzfrequenz A nach Gleichung (1) oder die Vergrößerung der Halbwertsbreite B nach Gleichung (2) erfolgen. Eine solche Feuchtemessung, die jeweils nur einen Resonanzparameter auswertet, ist allerdings nicht unabhängig von der der Dichte des jeweiligen Messgutes oder der Probenmasse. Gleichung (6) zeigt eine Kalibrationsbeziehung zur Feuchtemessung nur über die Verschiebung der Resonanzfrequenz A:

$$u = b_1 \cdot A + b_2 \quad (6)$$

mit u: Materialfeuchte in %
b_i: Kalibrationskoeffizienten
A: Verschiebung der Resonanzfrequenz in MHz

Eigenschaften und Grenzen des Messverfahrens

Da auch bestimmte komplexere Moleküle einen Dipolcharakter aufweisen, z.B. Alkohole und einige Lösungsmittel, ist das Messverfahren prinzipiell auch geeignet, diese Stoffe zu erfassen. In der Praxis werden für die Resonanzmessungen Frequenzen im Bereich zwischen 2 und 3 GHz gewählt, weil das Messverfahren hier besonders wasserselektiv ist.

Das zur Messung verwendete Wechselfeld wird durch das Probenmaterial und das darin enthaltene Wasser gedämpft. Die für die Messung relevante Eindringtiefe beträgt je nach Material und Wassergehalt einige Millimeter bis Zentimeter. Deutlich niedrigere Frequenzen würden es ermöglichen, tiefer in Materialproben hinein zu messen. Dabei würden allerdings Effekte der Ionenwanderung zum Tragen kommen und das Messverfahren würde vom Salz- bzw. Mineralgehalt des Messgutes beeinflusst werden.

Die Zeit, die für eine Einzelmessung mit einem Mikrowellenresonanzinstrument nötig ist, liegt im Bereich von Millisekunden. Die Messgeschwindigkeit bzw. die Häufigkeit der Messungen wird also durch die Handhabung der Proben bestimmt.
Das Mikrowellenresonanzverfahren findet Grenzen bei

- Stoffen, die selbst leitfähig sind (z.B. Aktivkohle, Metallspäne)
- sehr hohen Feuchten, die das Mikrowellenfeld zu stark dämpfen
- sehr niedrigen Feuchten (ppm), die zu extrem niedrigen Messwerten führen, die in der Größenordnung der statistischen Messwertschwankung liegen
- Feuchtebereichen, in denen die Kalibrierungsfunktion aufgrund der dielektrischen Eigenschaften des Messguts nichtlinear ist und zu stark streuenden oder uneindeutigen Ergebnissen führt
- Stoffen, die in ihrer chemischen Zusammensetzung stark schwanken und die sich damit einer langfristig verwendbaren Kalibrierung entziehen

- Materialien, die aufgrund ihrer Partikelgröße oder sonstiger Inhomogenität zu großen statistischen Schwankungen bei Wiederholungsmessungen führen.

Die Mikrowellenresonanztechnik wird vor allem in der Industrie für häufig wiederkehrende oder kontinuierliche Messung an Produkten eingesetzt, bei denen der Feuchtewert eine wichtige Rolle für die Qualitätssicherung spielt oder als Steuerungsparameter für Prozessanlagen benötigt wird.

Beispiel: Kontinuierliche Feuchtmessung an Getreide

Mit einer Installation am Austrag eines Getreidetrockners sollte die Eignung eines Mikrowellenresonanzsensors (Planarsensor, Bild 1) zur Online-Feuchtemessung getestet werden. Als Versuchsgut diente Weizen, der in einem kontinuierlichen Prozess den Trockner durchläuft und danach über die Oberfläche des Sensors geführt wird.

Die Kalibrierung des Mikrowellenresonanz-Messgeräts erfolgte anhand von Proben im Feuchtebereich von 7% bis 29%. Jede dieser Proben wurde zunächst mit dem Mikrowellenresonanzverfahren gemessen, anschließend wurde die Feuchte mit einem Trocknungsofen bestimmt.

Aufgrund der dielektrischen Eigenschaften von feuchtem Weizen verläuft die Kalibrierungskurve auf Basis des dichteunabhängigen Mikrowellen-Feuchtewertes Φ (Gleichungen (3), (4)) nur bis zu einem Feuchtewert von ca. 17% annähernd linear. Für höhere Feuchte ist eine Kalibrierung allein anhand der Resonanzverschiebung (Gleichung (6)) möglich, allerdings auf Kosten der Dichteunabhängigkeit.

Um die Mikrowellenresonanzmessung über einen weiten Bereich nutzen zu können und um in dem für die Anwendung wichtigen Bereich mit niedriger Feuchte eine möglichst hohe Genauigkeit zu erreichen, wurde die Kalibrierungsfunktion (Bild 4) für den Test also aus zwei Teilen zusammengesetzt. Das Messgerät wählt automatisch die geeignete Umrechnung aus. Die Standardabweichung sd zwischen Feuchte-Referenzwerten und den Mikrowellenmesswerten beträgt im Bereich 7% bis 17% sd=0,39%, im Bereich 17% - 29% sd=0,63%.

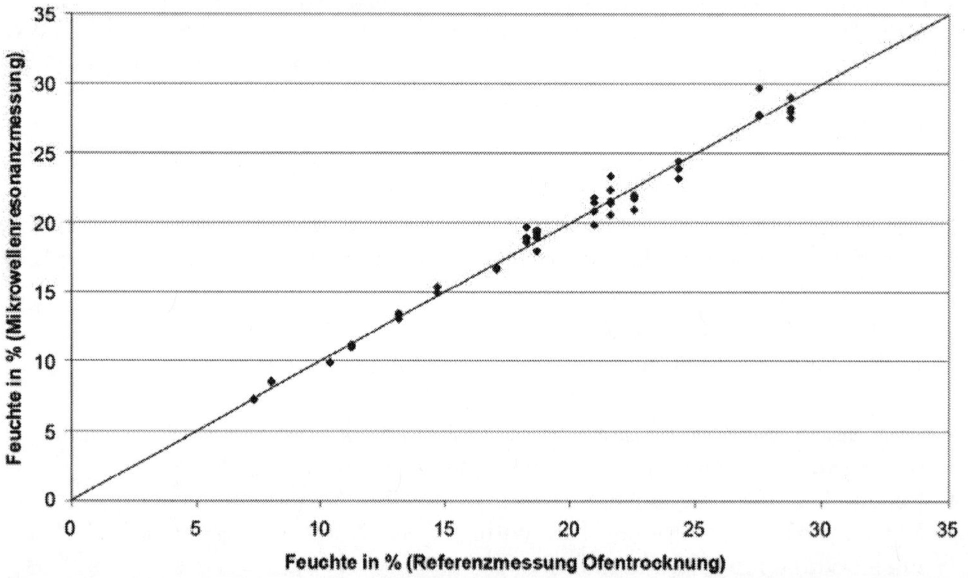

Bild 4: Kalibrierung der Mikrowellenresonanzmessung für Weizen. Die Messung erfolgt bis 17% anhand des dichteunabhängigen Werts Φ, darüber anhand der Resonanzverschiebung A.

Mit dem kalibrierten Messgerät wurde der Betrieb des Getreidetrockners über mehrere Stunden begleitet. Parallel zur kontinuierlichen Messung mit dem Mikrowellengerät wurde die Feuchte anhand von Stichproben durch Ofentrocknung überprüft.

Bild 5 zeigt, dass die Messwerte des Mikrowellengeräts gut mit den LOD-Messwerten übereinstimmen und dass die Messwerte langsamen und schnellen Änderungen der Feuchte folgen. Bei dieser Testmessung beträgt die Standardabweichung sd zwischen den Mikrowellenmesswerten und den Werten der Vergleichsmessung sd=0,55%. Zu beachten ist, dass die Feuchte im Weizen am Ausgang des Trockners nicht gleichmäßig verteilt ist und Abweichungen zwischen Mikrowellenmessung und LOD-Messung auch durch die Probennahme bedingt sein können.

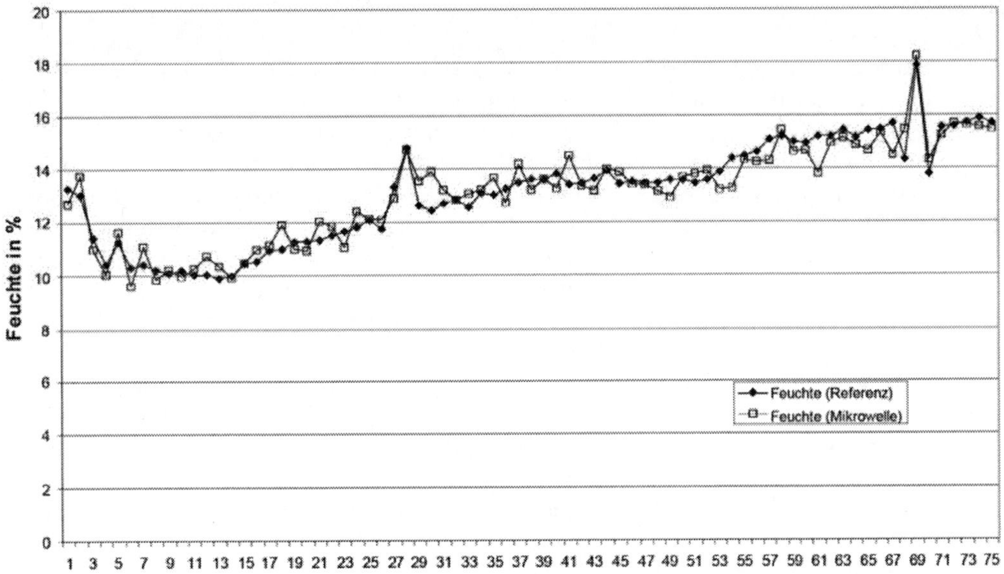

Bild 5: Feuchtemessung am Trockneraustrag. Vergleich zwischen Messwerten des kalibrierten Mikrowellenresonanz-Messgeräts und LOD-Messwerten.

In der praktischen Anwendung können die Feuchtemesswerte zur Steuerung bzw. Regelung des Trockners verwendet werden (Temperatur, Durchlaufzeit etc.).

Eine ausführliche Beschreibung der Testmessung geben U. SCHLEMM, H. RICHTER, L. KOCSIS, J. MELLMANN (2008) [2].

Literatur

[1] T. HAUSCHILD (2005), Density and Moisture Measurements Using Microwave Resonators. In: K. Kupfer (Ed.): Electromagnetic Aquametry, Electromagnetic Wave Interaction with Water and Moist Substances. Springer Verlag, Heidelberg 2005.

[2] U. SCHLEMM, H. RICHTER, L. KOCSIS, J. MELLMANN (2008), Feuchtemessung in Weizen mit der Mikrowellen-Resonanzmethode. In: Mühle + Mischfutter, 145. Jahrgang, Heft 23. Verlag Moritz Schäfer, Detmold 2008.

THz-Feuchtemessungen an Polyamiden

Stefan KREMLING[1], Marcel WERNER[1], Giovanni SCHOBER[1], Christian KOLB[1], Thomas HOCHREIN [1]

[1] SKZ – Das Kunststoff-Zentrum, Würzburg

Kontakt E-Mail: s.kremling@skz.de

Kurzfassung

Polyamide (PA) zählen mit zu den wichtigsten technischen thermoplastischen Kunststoffen. Insbesondere herausragende mechanische Eigenschaften wie eine hohe Festigkeit, Härte, Steifigkeit und Zähigkeit sind dabei hervorzuheben. Daneben besitzen PA weitere nennenswerte Vorteile gegenüber anderen Kunststoffen wie z. B. sehr gute Verschleißfestigkeiten und Gleiteigenschaften sowie eine hohe Medienbeständigkeit. Daher finden PA häufig Einsatz in der Automobilbranche im Bereich von Kraftstoffleitungen und -tanks oder für mechanische Strukturbauteile. Zum großen Teil werden PA jedoch zu Fasern verarbeitet und sind weit bekannt unter dem Handelsnamen Nylon.

Die Bezeichnung von PA basiert auf deren chemischen Struktur aufgrund wiederkehrender Amid-Gruppen und richtet sich nach der Anzahl an Kohlenstoffatomen in den Ausgangsmonomeren. Grundlegender Herstellungsprozess ist die Kondensations-polymerisation woraus lineare und stark polare Polymerketten entstehen. Wasserstoff-brückenbindungen bewirken eine starke Anziehung und die Bildung kristalliner Bereiche. Wasserstoffbrücken und eine hohe Polarität führen jedoch zu einer hohen reversiblen Hydrophilie. Der Feuchtegehalt hat signifikante Auswirkungen auf den Verarbeitungs-prozess, der Maßhaltigkeit und den mechanischen Eigenschaften. Daher ist eine exakte Bestimmung des Feuchtegehaltes von großer Bedeutung.

Terahertz(THz)-Wellen sind hochfrequente, elektromagnetische Wellen im Spektralbereich zwischen 100 GHz und 10 THz mit der Eigenschaft in dielektrische Materialien eindringen zu können. Daher eignen sich THz-Wellen ausgezeichnet zur Qualitätskontrolle von Kunststoffprodukten. Wasser und leitfähige Materialien können hingegen kaum oder nicht durchdrungen werden. Die Kombination dieser Eigenschaften prädestiniert die THz-Technik für die Bestimmung des Feuchtegehalts in Kunststoffen.

In diesem Beitrag wird die Bestimmung des Feuchtegehalts verschiedener PA-Typen gezeigt. Neben der Erstellung von Kalibrierkurven zur quantitativen Bestimmung des Feuchtegehalts an einzelnen Messpunkten wird zusätzlich die Messung einer ortsaufgelösten Feuchtigkeitsverteilung demonstriert. Die Diffusion ist der dabei zugrunde liegende Prozess für die Aufnahme von Wasser. Abhängig vom PA-Typ unterscheidet sich die Menge an aufgenommener Feuchtigkeit teils signifikant. So nehmen PA mit kurzen Ausgangsmonomeren und entsprechend vielen Amid-Gruppen und Brückenbindungen deutlich mehr Feuchtigkeit auf.

Das Kunststoff-Zentrum
SKZ
Terahertz-
Feuchtemessungen
an Polyamiden
Stefan Kremling
05. April 2017
Mitglied der
ZUSE-GEMEINSCHAFT
Peine
Halle
Würzburg
Selb
Horb
Türkei
VAE
3. Fachseminar
Mikrowellen- und Terahertz-Prüftechnik in der Praxis
Prüfung · Weiterbildung · Forschung · Zertifizierung · Vernetzung
www.skz.de

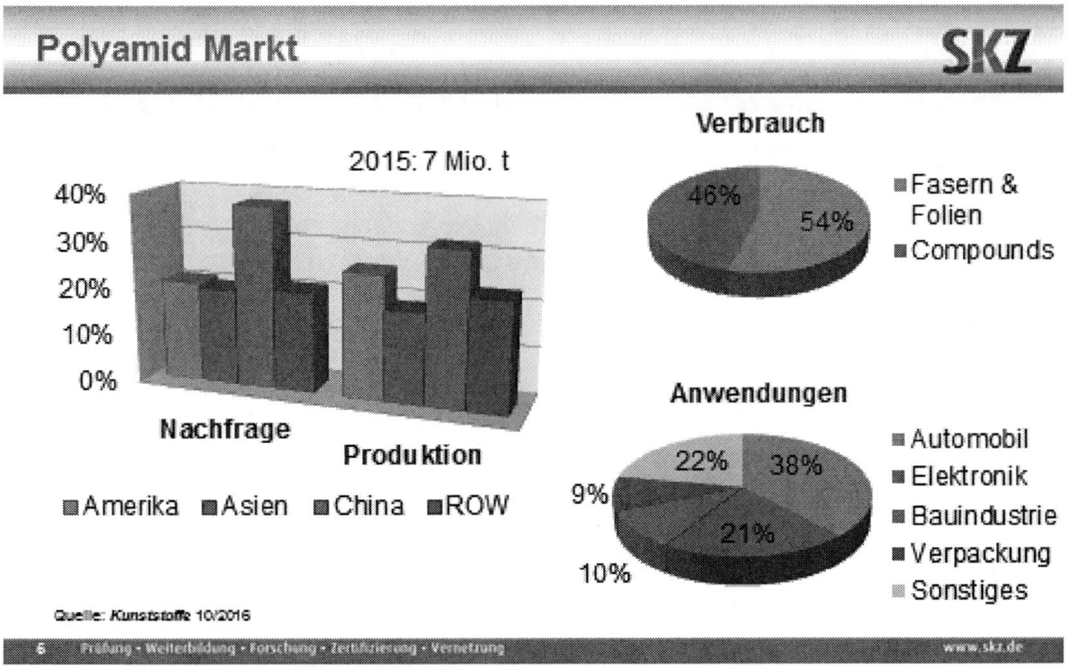
Polyamid Markt
SKZ
2015: 7 Mio. t
40%
30%
20%
10%
0%
Nachfrage
Produktion
Amerika
Asien
China
ROW
Verbrauch
46%
54%
Fasern & Folien
Compounds
Anwendungen
22%
38%
9%
21%
10%
Automobil
Elektronik
Bauindustrie
Verpackung
Sonstiges
Quelle: Kunststoffe 10/2016
6
Prüfung · Weiterbildung · Forschung · Zertifizierung · Vernetzung
www.skz.de

Polyamid - Monomere

SKZ

- Wiederkehrende (polare) Amid-Gruppen

Lactame

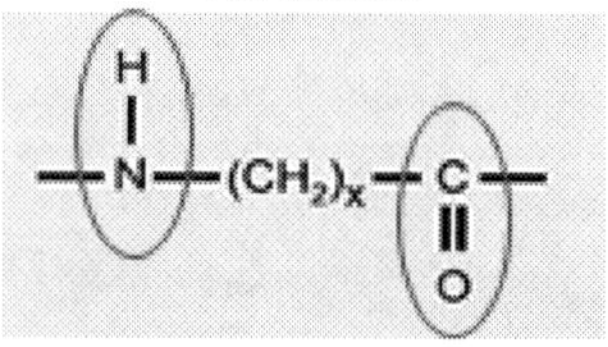

Bezeichnung nach # Kohlenstoffatomen:

- PA 6: $x = 5$ $(5 + 1 = 6)$
- PA 11: $x = 10$ $(10 + 1 = 11)$
- PA 12: $x = 11$ $(11 + 1 = 12)$

Diamin Dicarbonsäure

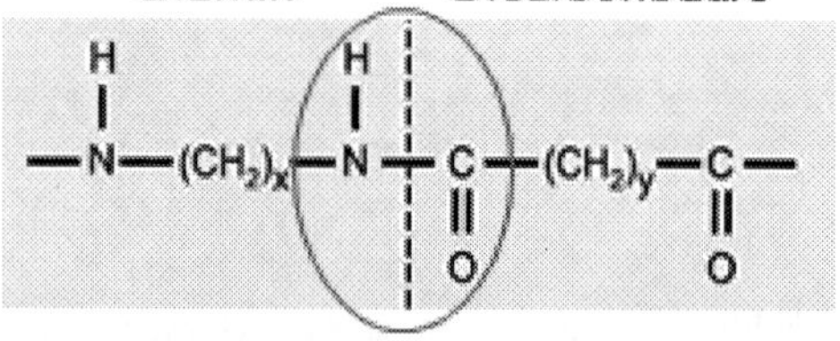

- PA 6.6: $x = 6$ $y = 4$ $(4 + 2 = 6)$
- PA 6.10: $x = 6$ $y = 8$
- PA 6.12: $x = 6$ $y = 10$

6 Prüfung · Weiterbildung · Forschung · Zertifizierung · Vernetzung www.skz.de

Polyamide

SKZ

- Kondensationspolymerisation → Abspaltung von Wasser
- Lineare und stark polare Moleküle → kristalline Bereiche
- CO- und NH-Gruppen → Wasserstoffbrückenbindungen
  → dipol-dipol-Bindungen H_2O

Ursache für hohe Feuchtigkeitsaufnahme!

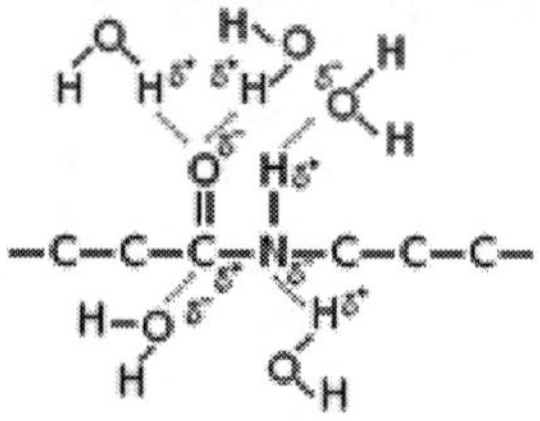

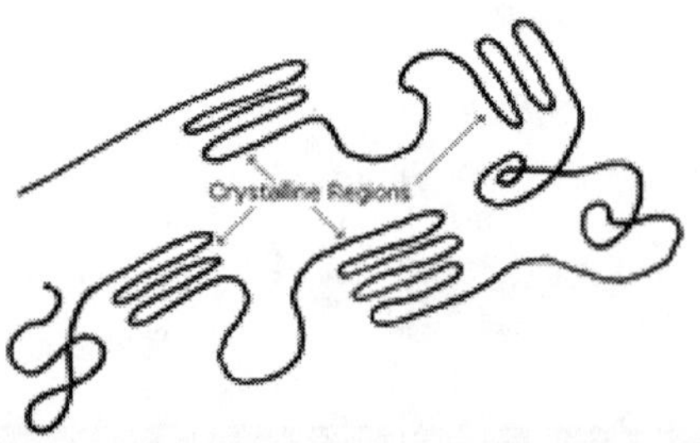

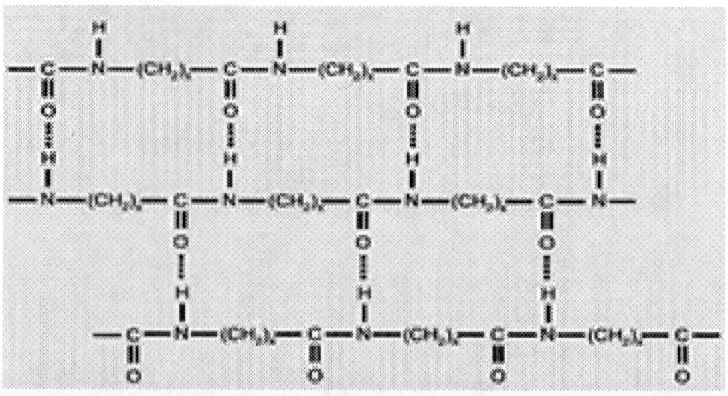

7 Prüfung · Weiterbildung · Forschung · Zertifizierung · Vernetzung www.skz.de

Polyamide

SKZ

Eigenschaften:

- + eine mittlere - hohe mechanische Festigkeit, Härte, Steifigkeit, Zähigkeit
- + ein hohes mechanisches Dämpfungsvermögen
- + gute Ermüdungsfestigkeit
- + sehr gute Verschließfestigkeit
- + gute Gleiteigenschaft
- – meist hohe Feuchteaufnahme
- – meist geringe Dimensionsstabilität

Anwendungsbeispiele:

- Fahrzeugbau (Strukturbauteile, Kraftstoffleitungen/-tanks, Motorraum, ...)
- Faserverstärkte Bauteile
- Elektrowerkzeuge
- Mechanische Teile (Zahnräder, Rollen, ...)
- Add. Fertigung (SLS)

Terahertz-Technik

SKZ

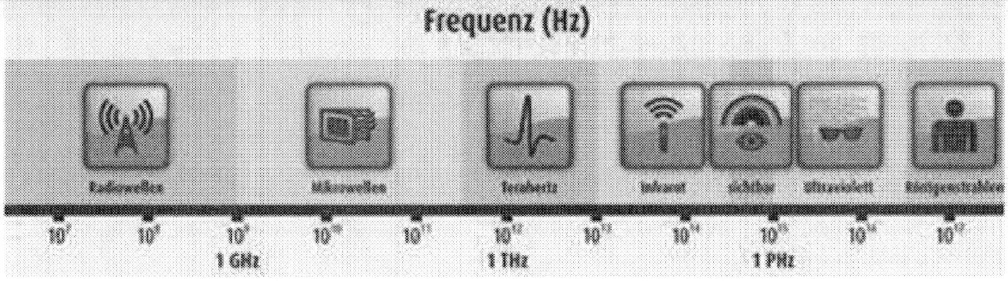

MenloSystems TERA K15

- All fiber-coupled TDS system @ 1560 nm
- 4 THz bandwidth
- Imaging unit
- Dry air atmosphere

Wasser und EM-Strahlung

Doppeltes Debye-Modell

$$\varepsilon(\omega) = \varepsilon_{\infty} + \frac{\varepsilon_2 - \varepsilon_1}{1 + i\omega\tau_1} + \frac{\varepsilon_1 - \varepsilon_{\infty}}{1 + i\omega\tau_1}$$

$$\varepsilon(\omega) = \varepsilon'(\omega) + i\varepsilon''(\omega)$$

Kramers-Kronig-Beziehung

$$n(\omega) = \sqrt{\frac{\sqrt{\varepsilon'(\omega)^2 + \varepsilon''(\omega)^2} + \varepsilon'(\omega)}{2}}$$

$$\alpha(\omega) = \frac{2\omega}{c}\sqrt{\frac{\sqrt{\varepsilon'(\omega)^2 + \varepsilon''(\omega)^2} - \varepsilon'(\omega)}{2}}$$

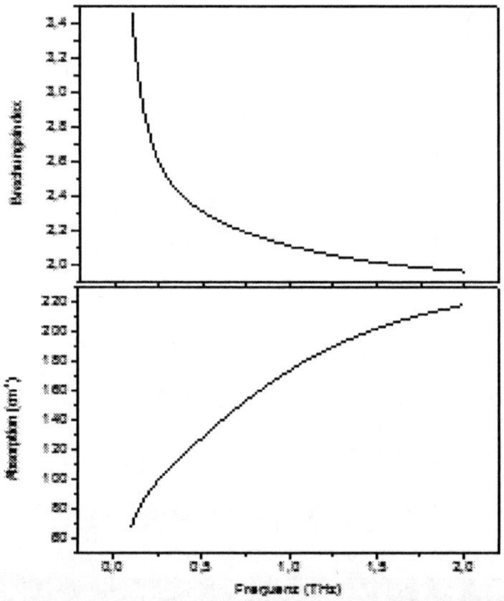

Wasseraufnahme

Bestimmung der Massenzunahme

$$WA = \frac{m_w - m_d}{m_d} \cdot 100$$

$m_{w,d}$ = Gewicht nass/trocken

Allometrische Anpassung

Polymer Testing 29, 209-215 (2010)

$$WA(t) = K \cdot t^m$$

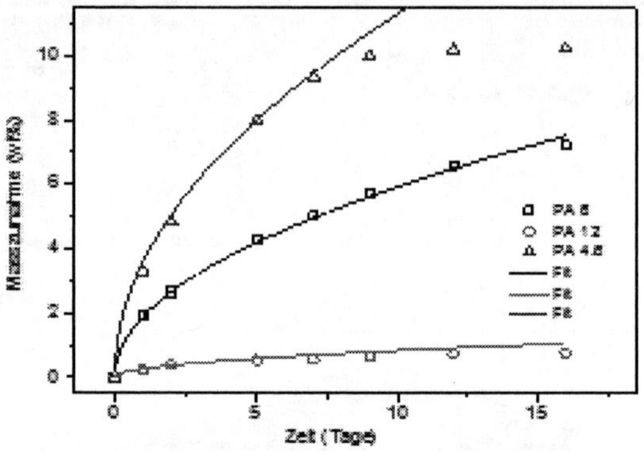

	K	m
PA 6	1,9	0,5
PA 12	0,3	0,5
PA 4.6	3,6	0,5

Fick'sches Diffusionsgesetz:

$$wt \sim \sqrt{t}$$

Polyamid 6 - Brechungsindex

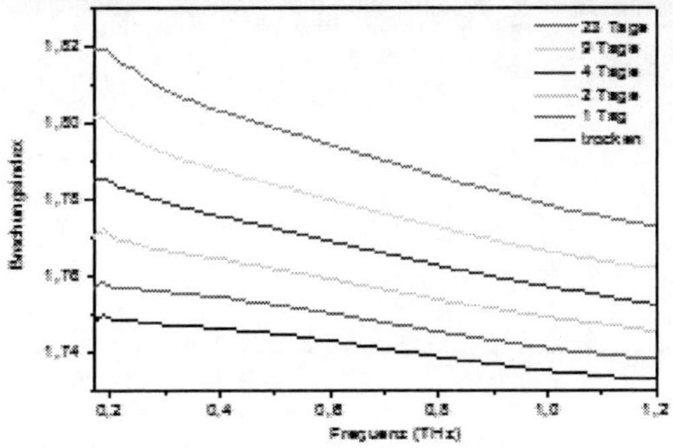

Fick'sches Gesetz:

$$n \sim t \sim wt^{1/m}$$

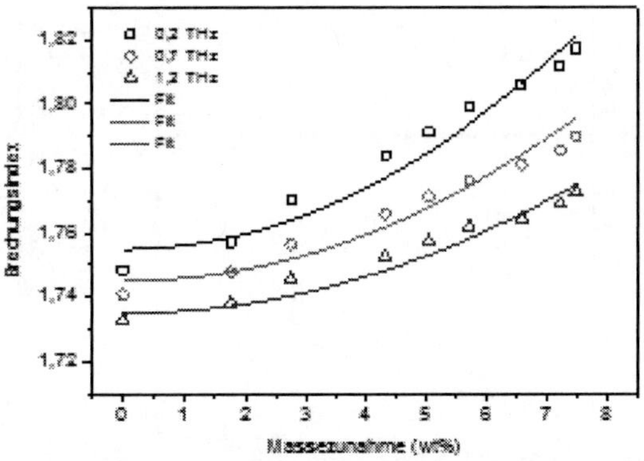

$$n(f) \sim wt^2$$

$$n(f) = n_0(f) * b(f) \cdot wt^2$$

12 Prüfung · Weiterbildung · Forschung · Zertifizierung · Vernetzung www.skz.de

Polyamid 6 - Absorption

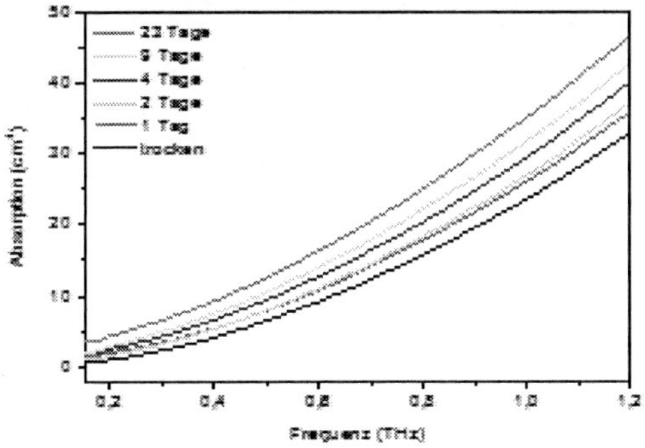

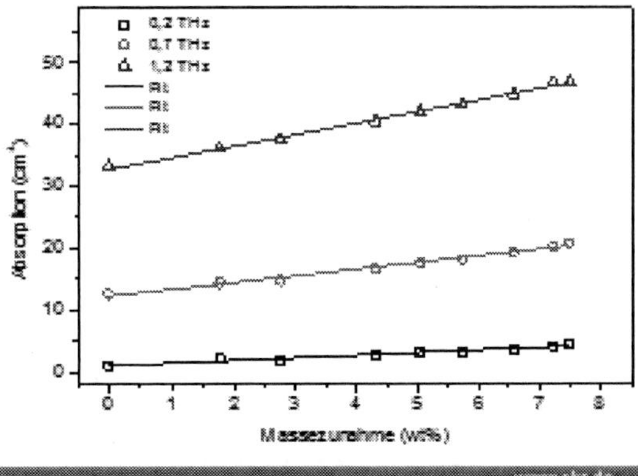

$$\alpha(f) \sim wt$$

$$\alpha(f) = c(f) \cdot wt + d(f)$$

13 Prüfung · Weiterbildung · Forschung · Zertifizierung · Vernetzung www.skz.de

Polyamid 4.6

SKZ

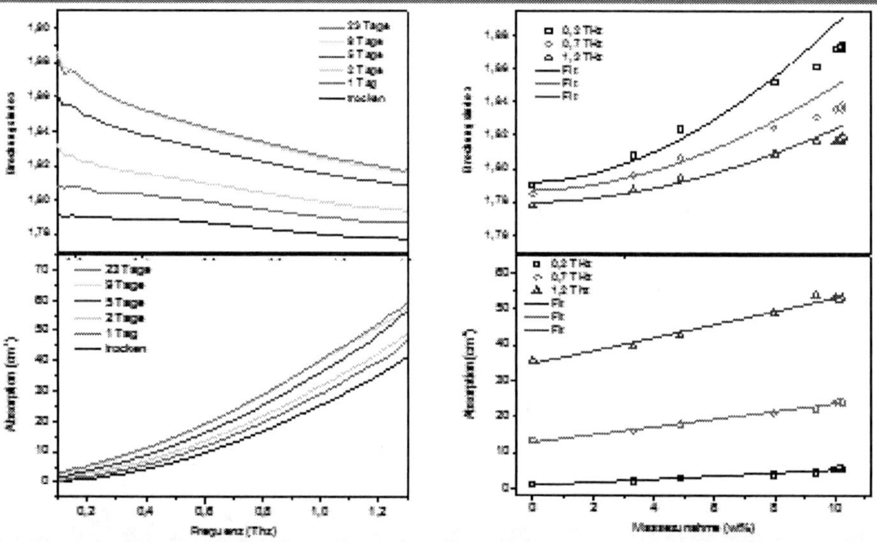

14 Prüfung • Weiterbildung • Forschung • Zertifizierung • Vernetzung www.skz.de

Polyamid

SKZ

Ortsaufgelöste Bestimmung des Feuchtegehalts

- Spritzguss Stufenplatte
- 1 mm, 2 mm und 4 mm dicke
- Messung in Reflexion

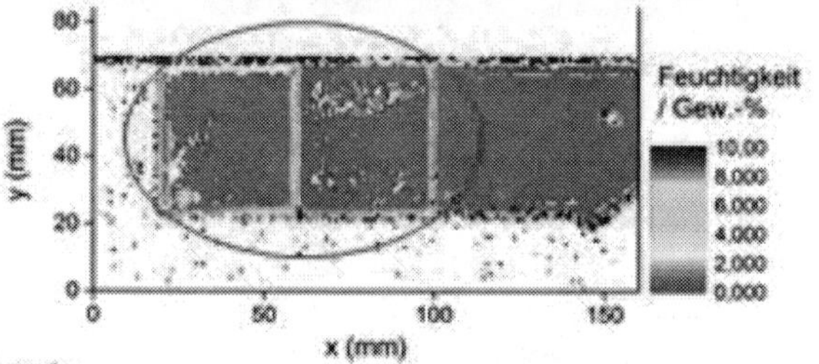

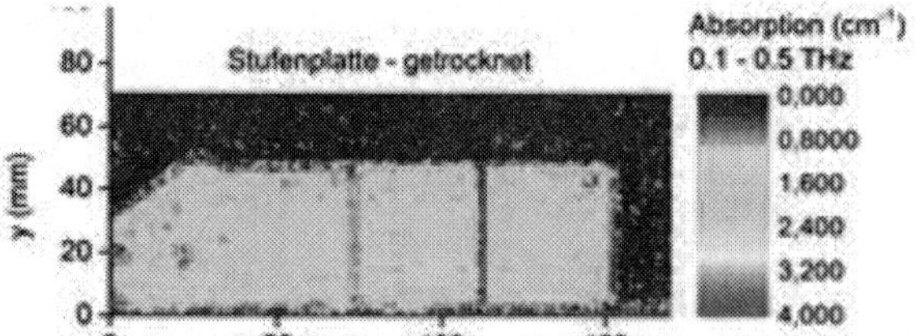

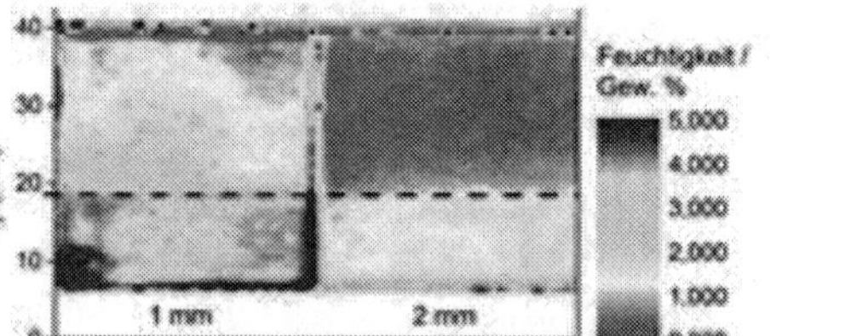

16 Prüfung • Weiterbildung • Forschung • Zertifizierung • Vernetzung www.skz.de

Weitere Beispiele

SKZ

Polyethylenterephthalat (PET)

- Sehr geringe Aufnahme

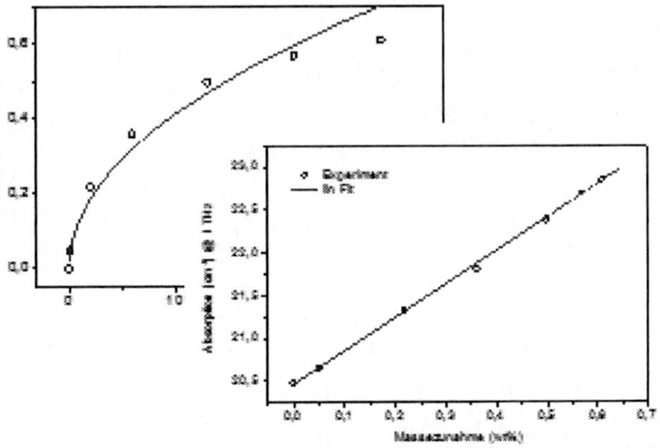

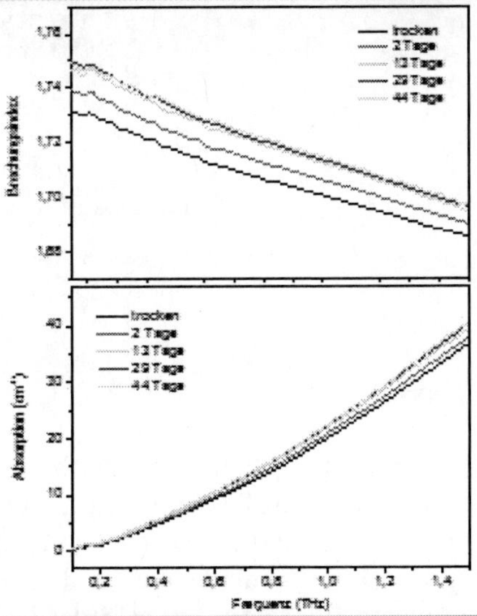

Weitere Beispiele

SKZ

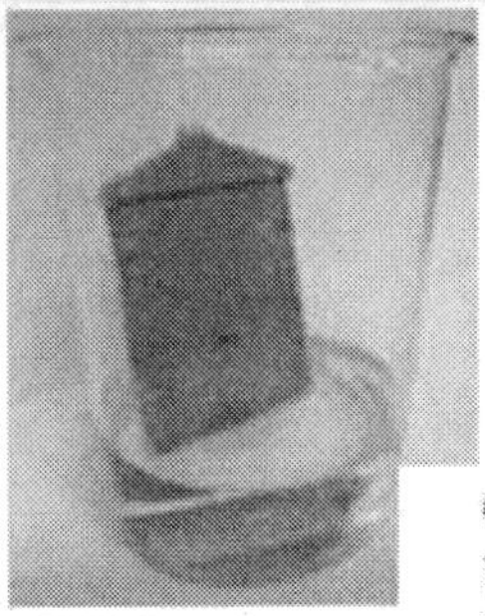

Wood Polymer Compound (WPC)

- Variation des Holzanteils
- Bildgebung

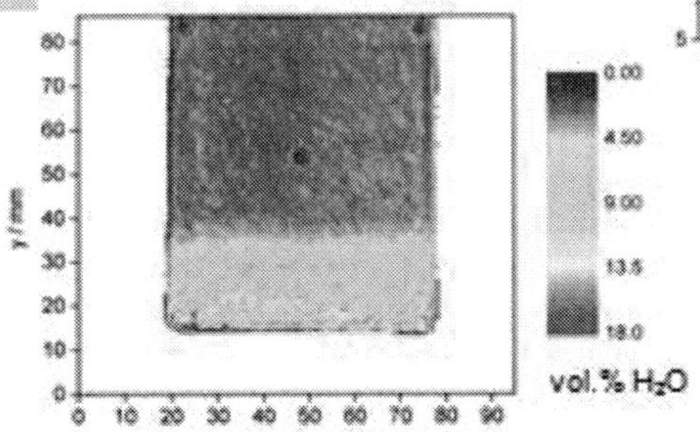

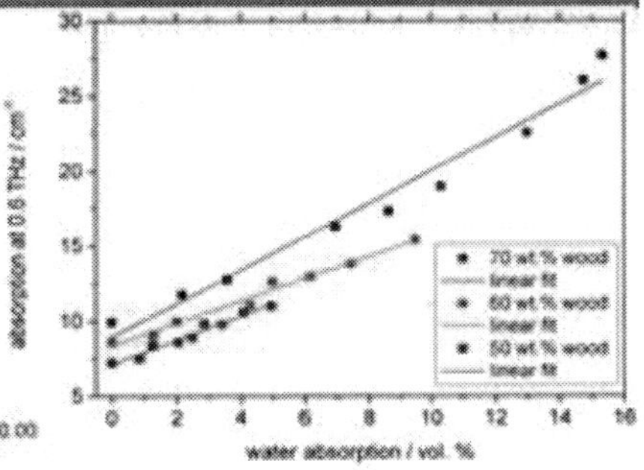

Direkt bildgebende Mikrowellenprüfung von WPC-Dielen

Johann H. HINKEN [1]
[1] FI Test und Messtechnik GmbH, Magdeburg
Kontakt E-Mail: johann.hinken@fitm.de

Kurzfassung

Eines der leistungsfähigsten Verfahren der zerstörungsfreien Prüfung ist die Röntgen-Durchstrahlung. Insbesondere die unmittelbare, also direkte Bildgebung, die hohe Ortsauflösung und die Möglichkeit für eine Tomographie sind attraktiv. Jedoch sind Röntgenstrahlen ionisierend und damit gefährlich. Hohe und damit aufwändige Sicherheitsmaßnahmen sind erforderlich und schränken damit den Einsatz in der Praxis ein.

Für den Fall, dass die Prüfobjekte aus elektrisch isolierendem Material bestehen und dass die hohe Ortsauflösung der Röntgenprüfung nicht zwingend erforderlich ist, bietet sich als Alternative die direkt bildgebende Prüfung mit Mikrowellen an (NIDIT – NonIonizing Direct Imaging Testing). Mikrowellen sind nicht ionisierend und damit ungefährlich.

Hier wird die zerstörungsfreie Prüfung von WPC-Dielen (WPC - Wood Plastic Composites) mit dem NIDIT-Verfahren beschrieben. Videosequenzen zeigen die Prüfergebnisse. Vorher bekannte einzelne Fehler in Mustern vom Hersteller werden deutlich reproduziert. Eine handelsübliche Diele aus dem Baumarkt zeigt überraschend durchgehend Fehler.

Direkt bildgebende Mikrowellenprüfung von WPC-Dielen

Johann Hinken
FI Test- und Messtechnik GmbH, Magdeburg

3. Fachseminar des FA MTHz der DGZfP
Mikrowellen- und Terahertz-Prüftechnik in der Praxis
5. April 2017, Fraunhofer ISC, Würzburg

1. Einleitung
2. Grundlagen des Prüfverfahrens NIDIT
3. Prüfung von WPC-Dielen
4. Schluss

1. Einleitung
2. Grundlagen des Prüfverfahrens NIDIT
3. Prüfung von WPC-Dielen
4. Schluss

WPC-Dielen
Wood Plastic Composites

Terrassen

Zäune

Herstellung im Extrusionsverfahren

1. Einleitung
2. Grundlagen des Prüfverfahrens NIDIT
3. Prüfung von WPC-Dielen
4. Schluss

Scannendes Verfahren
<<>>
Direkt bildgebendes Verfahren

FI Test- und Messtechnik GmbH

Herstellung im Extrusionsverfahren
Die Standardprüfverfahren:
1. Kochwassertest zur Feststellung von Quellung und Gewichtszunahme
2. Prüfung auf maximale Durchbiegung

sind ungeeignet zur schnellen Rückkopplung auf Extrusionsparameter
Gesucht ist Inline-Prüfverfahren auf Spaltrisse, Harznester usw.
WPC-Material: Mikrowellenprüfung: größere Beobachtungstiefe als Ultraschallprüfung
Scannende Mikrowellenprüfverfahren sind zu zeitaufwendig:

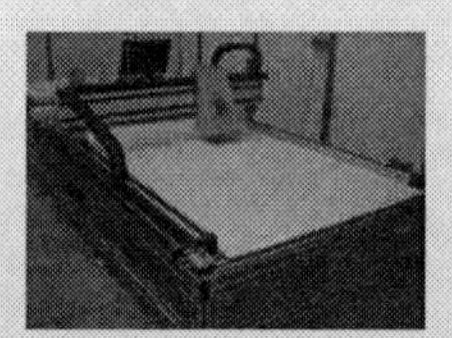

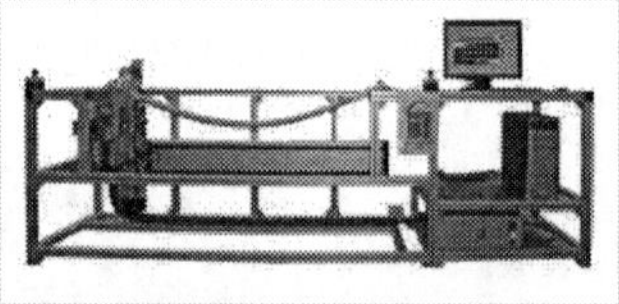

Direkt bildgebendes Prüfverfahren ist gesucht

1. Einleitung
2. **Grundlagen des Prüfverfahrens NIDIT**
3. Prüfung von WPC-Dielen
4. Schluss

Scannendes Verfahren
<<>>
Direkt bildgebendes Verfahren

FI Test- und Messtechnik GmbH

Röntgen-Durchstrahlung
- leistungsfähigstes, direkt bildgebendes Verfahren der zerstörungsfreien Prüfung
- hohe Ortsauflösung
- Möglichkeit für eine Tomographie
- Jedoch: Röntgenstrahlen ionisierend und damit gefährlich >> hohe Sicherheitsmaßnahmen erforderlich >> schränken Einsatz in der Praxis ein.

NIDIT
- Falls Prüfobjekte aus elektrisch isolierendem Material und
- hohe Ortsauflösung der Röntgenprüfung nicht zwingend erforderlich
- >> direkt bildgebende Prüfung mit Mikrowellen (NIDIT – Nonlonizing Direct Imaging Testing)
- Mikrowellen sind nicht ionisierend und damit ungefährlich. Deswegen ist z. B. die gefahrlose Nutzung von Mobilfunktelefonen möglich.

Grundlagen des Prüfverfahrens NIDIT

FI Test- und Messtechnik GmbH

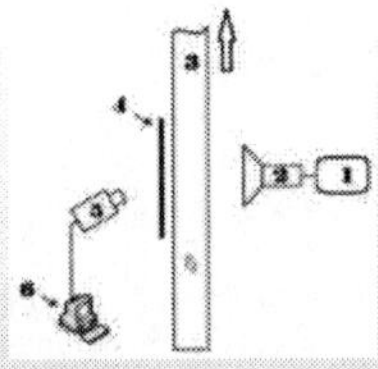

Prinzipieller NIDIT-Prüfaufbau mit einer WPC-Diele
1 Mikrowellenquelle (24 GHz)
2 Antenne
3 Prüfobjekt
4 Mikrowellen-absorbierende Folie
5 Wärmebildkamera
6 Computer mit Monitor

Labormäßiger NIDIT-Prüfaufbau

Von einer Mikrowellenquelle wird über die Antenne das Prüfobjekt (WPC-Diele) großflächig bestrahlt. Die gleichmäßig einfallende Mikrowellenstrahlung wird im Prüfobjekt in ihrer Verteilung durch zu erkennende Fehler beeinflusst und trifft entsprechend ungleichmäßig auf die Mikrowellen-absorbierende Folie. So erhält die Folie eine den vorhandenen Fehlern entsprechende Wärmeverteilung, die von der Infrarotkamera aufgenommen und z.B. über einen Computer unmittelbar als Flächenbild dargestellt wird.

Senken der Ansprechschwelle: Differenzverfahren

FI Test- und Messtechnik GmbH

Um die Erkennbarkeit von Fehlern beim NIDIT-Verfahren zu erhöhen ist es zweckmäßig, das Bild des aktuellen Prüfobjektes mit einem fehlerfreien Referenzobjekt zu vergleichen, also das Differenzbild darzustellen. In dem hier vorliegenden Fall der WPC-Dielen und in der Simulation einer Inline-Prüfung bei ihrer Extrusion bietet sich als Referenzbild ein einige Millimeter entfernte vorherige Aufnahme an.

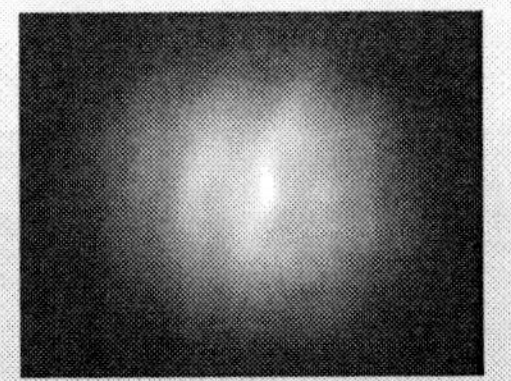

Absolutbild

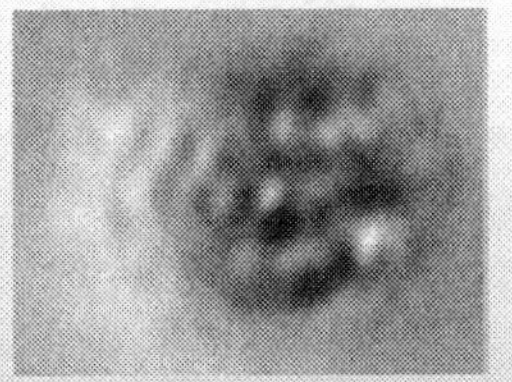

Differenzbild

So wurden Videosequenzen beim automatischen Durchfahren der WPC-Dielen durch den feststehenden Prüfaufbau aufgenommen und damit die sich von Schritt zu Schritt ergebenden Änderungen dargestellt.

1. Einleitung
2. Grundlagen des Prüfverfahrens NIDIT
3. Prüfung von WPC-Dielen
4. Schluss

Prüfobjekte, Prüfergebnisse mit Standbildern aus Videosequenzen

FI Test- und Messtechnik GmbH

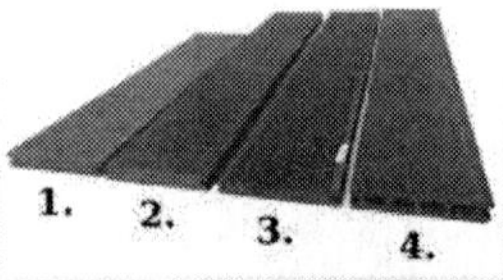

Untersuchte WPC-Dielen. Von links:
1. profiliert mit Spaltriss
2. eben mit Spaltriss
3. profiliert fehlerfrei
4. Hohlkammerprofil mit Fehlern (aus Baumarkt)

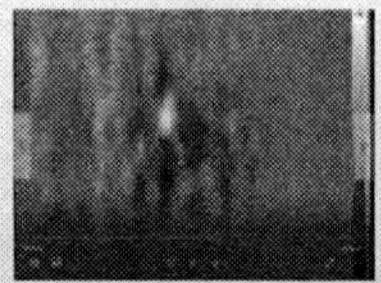

Diele 1: profiliert mit Spaltriss, im Bereich des Spaltrisses

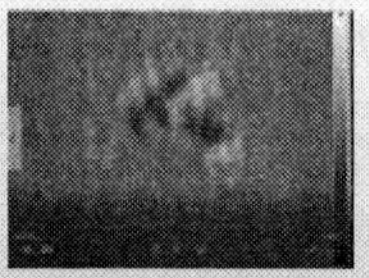

Diele 2: eben mit Spaltriss, im Bereich des Spaltrisses

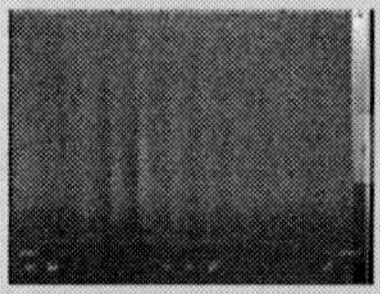

Diele 3: profiliert, fehlerfrei, typisches Bild

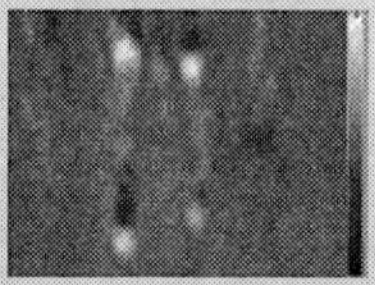

Diele 4 (handelsüblich, aus Baumarkt): Hohlkammerprofil, typisches Bild

1. Einleitung
2. Grundlagen des Prüfverfahrens NIDIT
3. Prüfung von WPC-Dielen
4. Schluss

Dickere Dielen mit Standbildern aus Videosequenzen

FI Test- und Messtechnik GmbH

- Soweit Dielendicken 22 bis 25 mm
- Zukünftiger Prüfbedarf auch für dickere Dielen
- Hier Simulation durch Stapelung von defektfreier Diele und Diele mit Spaltriss
  >>> Gesamtdicke 44 mm

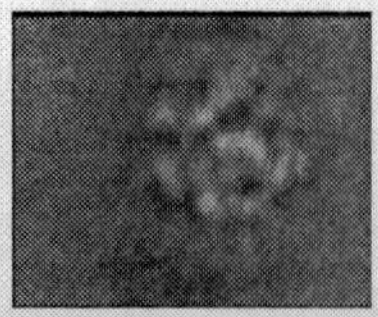

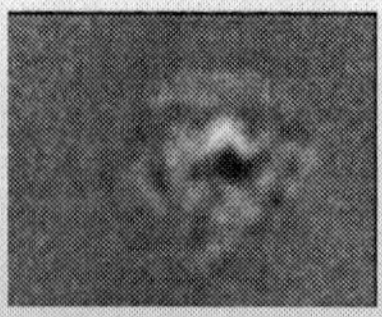

Dielenstapel: zwei Bilder im Bereich des Spaltrisses

Schluss

FI Test- und Messtechnik GmbH

NIDIT: non-ionising direct imaging testing

- Gefahrlose, röntgenähnliche, direkt bildgebende Durchstrahlungsprüfung
- Für elektrisch nichtleitende (dielektrische) Materialien
- Anwendungsbeispiel WPC-Dielen
- Differenzverfahren zur Senkung der Ansprechschwelle
- Hier: Dicken bis 44 mm
- Bei anderen Bauteilen auch schon bis ca. 200 mm
- NIDIT hat vielfältige Einsatzmöglichkeiten

NIDIT: you need it !

Kontakt: Johann Hinken
FI Test- und Messtechnik GmbH
Breitscheidstrasse 17
D-39114 Magdeburg, Germany
Tel.: +49 391 503894-30
Mobil.: +49 171 2053208
Email: johann.hinken@fitm.de
www.fitm.de

THz-SAFT Rekonstruktion von HDPE-Bauteilen

Holger SPRANGER [1], Jörg BECKMANN [1]
[1] BAM Bundesanstalt für Materialforschung und -prüfung, Berlin
Kontakt E-Mail: holger.spranger@bam.de

Kurzfassung. Obwohl THz-TDS-Systeme vielfältige Qualitätsparameter von Dielektrika ermitteln können, ist deren industrielle Nutzung im Bereich der zerstörungsfreien Bauteilprüfung noch nicht anerkannter Stand der Technik. Ein pragmatischer Weg, TDS-Systeme neben traditionellen Prüfverfahren zu etablieren, sind systematische Untersuchungen an Modellbauteilen, mit dem Ziel einer Methodenentwicklung zur zuverlässigen berührungslosen Prüfung von Dielektrika. Anhand von THz-TDS-Messungen an Polyethylen-Testkörpern mit künstlich eingebauten Fehlstellen werden anfänglich die Möglichkeiten der Laufzeitmessung zur Ermittlung von Tiefenlagen von Ungänzen in Testkörpern präsentiert. Im weitern Teil wird gezeigt, wie durch eine veränderte Versuchsdurchführung und Verwendung eines modifizierten SAFT-Rekonstruktions-Algorithmus Tomogramme berechnet werden können, in denen die künstlich eingebrachten Fehlstellen hinsichtlich ihrer Größe und Lage geometrisch richtig dargestellt werden.

1. Einführung

Der spektrale Frequenzbereich des elektromagnetischen Spektrums zwischen 0.1 und 10 THz wird häufig als THz-Strahlung (T-rays) bezeichnet [1]. Die Benennung des zwischen dem IR -und mm- Wellenlängenbereich liegenden Terahertz Frequenzintervalls hat sich in der Fachwelt durchgesetzt, weil die Begriffsbildung in einem engen Zusammenhang mit der vor einigen Jahren entwickelten photoptisch zeitaufgelösten THz–Spektroskopie (THz-TDS) zu sehen ist. THz-TDS Systeme arbeiten impulsbasiert und zeitaufgelöst. Der Vorteil des verwendeten Messprinzips besteht in der gleichzeitigen Detektierbarkeit von Amplitude und Phase des zwischen der Sendeantenne (T_x) und der Empfangsantenne (R_x) sich ausbreitenden elektrischen Feldes eines Impulses. Der Impuls besteht aus elektromagnetischen Wellen mit Frequenzen innerhalb einer im THz-Bereich liegenden Bandbreite. Mit der phasenempfindlichen Detektion werden Phasenbeziehungen bei gleichzeitiger Unterdrückung der wegen der fehlenden Phasenbeziehung existierenden inkohärenten Störstrahler, wie z.B. thermische Rauschquellen ermittelt. Die gleichzeitig messbare Amplitudenänderung ermöglicht die vollständige Bestimmung des komplexen Brechungsindex dielektrischer Materialien. Die THz-Spektroskopie weist Vorteile auf, die es vor allem in Zukunft für die industrielle Qualitätskontrolle, bei Sicherheitsanwendungen und in der biomedizinischen Bildgebung zu nutzen gilt. Neben der Spektroskopie von Gasen, Flüssigkeiten und Festkörpern im bis dahin experimentell schwer zugänglichen THz-Frequenzbereich sind vor allem die Anwendung der nichtionisierenden und kohärenten THz-Strahlung zur berührungslosen Charakterisierung und Prüfung dielektrischer

Materialschichten und Bauteile zu erwarten. Begleitet werden die bisher praktizierten methodischen Entwicklungen für zukünftige THz-Applikationen von seit Jahren konsequent betriebenen Geräteentwicklungen hin zu weniger voluminösen, leichten, einfach handhabbaren und kostengünstigeren THz-TDS Spektrometern [2,3]. Obwohl durch das berührungslose Abtasten mit der THz-TDS-Technik vielfältige Qualitätsparameter ermitteln werden können, wird sie erst dann für die industrielle Nutzung im Bereich der Zerstörungsfreien Werkstoffprüfung zum Tragen kommen, wenn es gelingt, im Vergleich zu bereits bestehenden andersartig funktionierenden ZfP-Prüfsystemen genauer, billiger oder einzigartig zu sein. Ein pragmatischer Weg dahin besteht, wenn man von der technologischen Entwicklung absieht, vor allem in systematischen Untersuchungen an dielektrischen Modellbauteilen, mit dem Ziel einer Methodenentwicklung zur zuverlässigen Eigenschaftsbestimmung anhand der aus dem THz-TDS-Experiment gewonnenen Daten. Im Folgenden werden repräsentative Verfahren zur quantitativen Bauteilanalyse unter Verwendung der THz-TDS präsentiert und hinsichtlich ihrer Vor- und Nachteile anhand von Modellkörpern diskutiert.

2. Prinzip der zeitaufgelösten THz-Spektroskopie (THz-TDS: Terahertz Time Domain Spectroscopy)

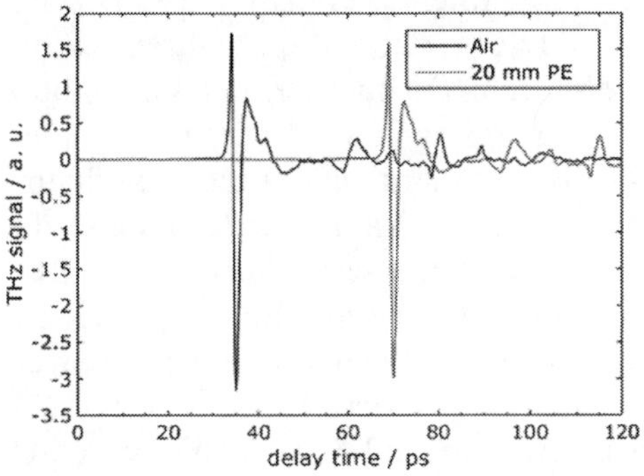

Bild 1: Die im THz-TDS Experiment ermittelbaren Messgrößen Amplitude und Laufzeit (ToF). Während der Durchstrahlung einer 20 mm starken Polyethylenplatte ändern sich die Laufzeit und Amplitude des THz-Signals im Vergleich zum Impuls des Leerstrahls.

Die THz-TDS verfügt über zwei jeweils mit einem Auston-Schalter [4] ausgerüsteten Dipolantennen, die zur Erzeugung (T_x) und Detektion (R_x) von elektromagnetischer Strahlung von einem Femtosekunden-Laser gepulst werden. Der am Sender erzeugte Impuls verändert seine Amplitude und Laufzeit (ToF: time of flight), wenn er ein dielektrisches Material durchdringt bzw. von ihm reflektiert wird (siehe Bild 1). Bei der Ausbreitung elektromagnetischer Wellen in isotropen sehr schwach absorbierenden dielektrischen im THz-Bereich dispersionsfreien Materialien bestehen zwischen der Laufzeit und der Phasengeschwindigkeit sowie zwischen den Amplituden im Zeit- und Frequenzbereich einfache direkte Zusammenhänge, die sich mit Hilfe der Fourier Transformation ineinander überführen lassen. Der Vergleich der Amplituden- und Zeitverläufe mit denen eines Impulses des Leerstrahls ermöglicht im Frequenzbereich die quantitative Ermittlung der spezifischen optischen Eigenschaften in Form des komplexen Brechungsindexes. Infolge des berührungslosen Messverfahrens sowie im Fall von z.B. Schichtsystemen können im Strahlengang Grenzflächen existieren, die zur Reflexion und Brechung der Strahlung führen. Im Ergebnis dessen kann bei geeigneter Wahl der Detektionszeit (delay time) eine Folge von zu unterschiedlichen Zeiten eintreffenden Impulsen beobachtet werden Änderungen spezifischer Parameter, wie z.B. das Pulsmaximum, -minimum, Pulsintegral über ein vorgegebenes Zeitintervall oder die relative Laufzeitänderung können bereits als probenspezifische Kennwerte genutzt werden, stehen aber in keinem direkten physikalischen Bezug. Die Fourier Transformation des THz-Impulses ermöglicht vor allem die spektrale Charakterisierung des untersuchten Materials.

3. Zeitaufgelöste Synthetische Fokusierungstechnik (SAFT)

Für den zerstörungsfreien Nachweis von Fehlstellen in Dielektrika mit Hilfe der THz-TDS bedarf es geeigneter Rekonstruktionsverfahren und Versuchsaufbauten, um unter Verwendung gewonnener Messdaten Schnittbilder (Tomogramme) zu generieren, mit denen die Art, Größe Position und Verteilung der im Innern des Prüfkörpers existierenden Fehlstellen ermittelt werden können. Mit diesem Ziel wurden anfänglich die für die röntgenographische Durchstrahlungsprüfung entwickelten CT Rekonstruktionsalgorithmen für THz-TDS Untersuchungen angewendet [5]. Zuverlässige Tomogramme konnten jedoch nur dann rekonstruiert werden, wenn sich die Fehlstellen und das umgebende Material nur wenig bezüglich des Brechungsindexes unterschieden. Zusätzliche Artefakte konnten in den Schnittbildern beobachtet werden. Die Grenzen der röntgenographischen CT Rekonstruktion für die Inspektion von Dielektrika mit THz-TDS ergeben sich vor allem aus dem Sachverhalt, dass bei der Durchdringung mit Röntgenlicht Reflektion und Brechung an Grenzflächen vernachlässigt werden kann. Die für die Ultraschallprüfung entwickelte Beugungsdurchlauftechik (Time of Flight Diffraction) detektiert die an den Ungänzen in Schweißnähten entstehenden Beugungssignale. Beugungssignale können bei der Einstrahlung des Ultraschall-Signals an mehreren Orten innerhalb der mit komplexer Geometrie behafteten Fehlstellen entstehen. Laufzeitunterschiede der gebeugten Wellen werden am Detektor gemessen, aus denen sich anhand eines Rekonstruktionsmodells Position und Größe der Fehlstelle ermitteln lassen. Die Amplituden der gebeugten Welle werden nicht für die Bestimmung der geometrischen Parameter bewertet. Die Modelle zur Rekonstruktion und das Messverfahren wurden für die THz-TDS adaptiert und als Zeitaufgelöste Synthetische Fokussierungstechnik (TD-SAFT) vorgestellt [6,7].
Beim TD-SAFT wird die Probe entlang der x-Achse an der Probenoberfläche oder auch oberhalb der Fläche mit der Sende- und Empfangsantenne abgetastet (Bild 2: links). Die gestreuten Signale aller in der Probe existierenden Punktstrahler (hier im Bild nur ein Strahler) werden für unterschiedliche Sende- und Empfangspositionen zu unterschiedlichen Zeiten detektiert (Bild 2 mitte). Bei der Rekonstruktion werden die detektierten Signale anhand der S/E Positionen in das Material zurückgerechnet, unter der Annahme, dass sie von Punktstrahlern verursacht werden, deren Wellen sich nach dem Huygensschen-Superposition-Prinzip überlagern (Bild 2 rechts).

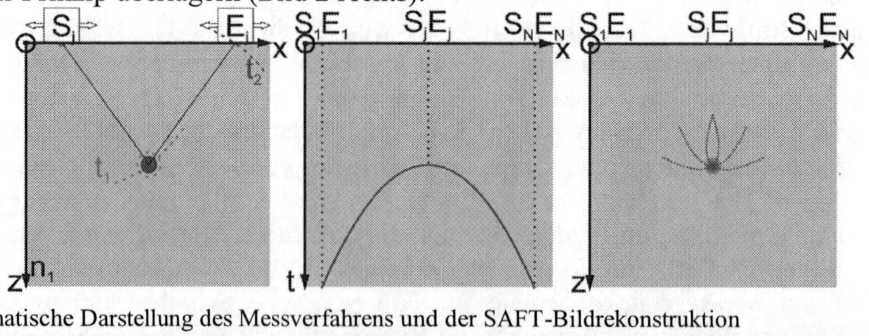

Bild 2: Schematische Darstellung des Messverfahrens und der SAFT-Bildrekonstruktion
links: Sender an der Position Sj sendet ein Signal, welches den Punktstrahler zum Zeitpunkt t_1 erreicht. Das gestreute Signal erreicht den Empfänger in der Position Ej zum Zeitpunkt t_2.; mitte: B-Scan, berechnet aus den A-Scans für verscheiden S/E –Positionen ($\{R_{S,i}, R_{E,i}\}$, i= 1, 2,..j,..N), mit konstantem Abstand ($R_{S,j}$-$R_{E,j}$); rechts: Punktquellenposition, berechnet via SAFT Rekonstruktion (Superposition der hypothetischen Laufzeitparabeln)

3. Messungen: Terahertz Time of Flight (THz ToF)

Die BAM verfügt über ein kommerziell verfügbares in Bild 3 gezeigtes THz-TDS System T-Ray 2000 von der Firma Picometrix. Polyethylen Linsen können optional in den Strahlengang zum Zweck der Strahlenfokussierung integriert werden. Zusätzlich wurde das Spektrometer mit einem Zweikreisgoniometer (Huber, Serie 402) und einem X-Y-Tisch ausgerüstet, um das zu untersuchende Material oder die zu untersuchenden Testkörper winkel- und ortsabhängig für eine beliebig vorgegebene Sender-/Empfängerposition scannen zu können. Wegen der Faserkopplung können beide Antennen leicht bezüglich der Probennormale auf den Manipulationseinheiten positioniert werden. Für die Bewertung des TD-SAFT-Rekonstruktionsverfahrens wurden selbst entwickelte quader- und zylinderförmige Testkörper aus Polyethylen (PE) mit künstlich eingebauten Fehlstellen hergestellt. Sie wurden mit dem THz-TDS System gescannt, um hinreichendes Datenmaterial für die sich anschließende Datenrekonstruktion zur Verfügung zu haben.

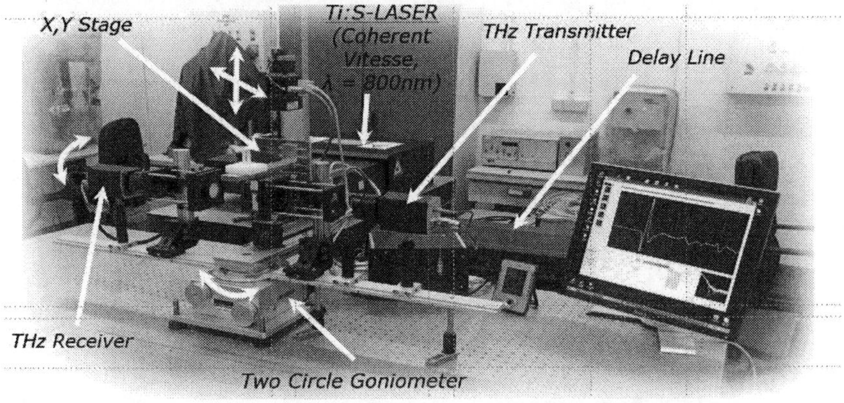

Bild 3: BAM-THz Labor mit einem PICOMETRIX T-ray 2000 THz-TDS system

Für die Abtastung der Testkörper wurde zusätzlich zum obigen Versuchsaufbau eine aus einer Si-Platte bestehende Strahlteilereinheit (BSU) konzipiert und erstellt. Wie der in Bild 4 schematische dargestellte Versuchsaufbau zeigt, kann der Sender und Empfänger als eine Einheit betrachtet werden. Die vor der BSU installierte Manipulationseinheit sichert eine Abtastung des Untersuchungsobjektes senkrecht zur Probennormale bei einem Einstrahlwinkel von null Grad an vorgegebener Abtastposition. Die vor dem Strahlteiler angebrachte Sammellinse fokussiert den parallelen Strahlengang zu einem Punkt mit bekannter Phasenfront auf die Probenoberfläche. Der Fokuspunkt beschreibt die für SAFT-Rekonstruktionen benötigte virtuelle Detektor-Empfänger-Position. Eine computergestützte Versuchsdurchführung ermöglicht die Detektion der Laufzeit und Amplitude der reflektierten Impulse (A-Scan) während der Probenabtastung (Probendrehung bzw. -verschiebung). Die vom PC-Messplatz definiert durchgeführte Probenpositionierung bzw. -drehung während der Probenabtastung. ermöglicht nach dem Scannen der Probe die Rekonstruktion ortsaufgelöster B-Scans aus den A-scan Daten. Alle Experimente wurden computergestützt unter Laborbedingungen bei 25°C und einer Luftfeuchtigkeit zwischen 20 und 30% durchgeführt.

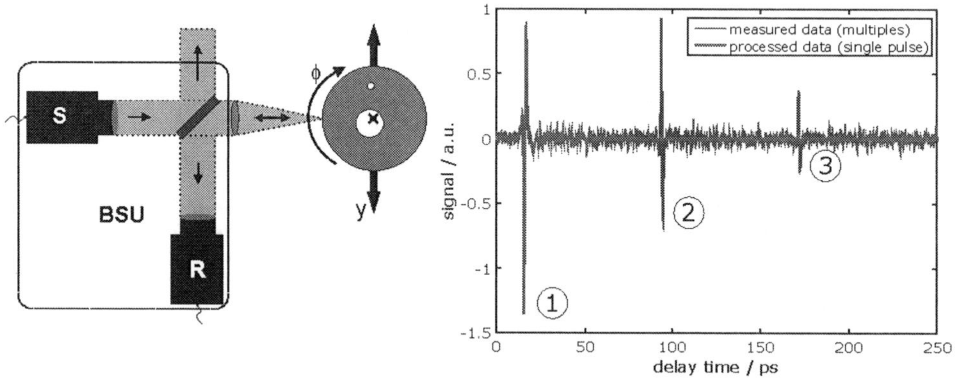

Bild 4: Schematischer Aufbau der BSU-Einheit (links) und A-Scan eines abgetasteten Goldspiegels (rechts). Die Pulsfolge entsteht durch die in der BSU verursachten Mehrfachreflektionen. Mit Hilfe einer Entfaltungsprozedur können die störenden Reflexe beseitigt werden.

4. Ergebnisse – THz – ToF

Bild 5 zeigt auf der linken Seite schematisch die Ausbreitung eines THz-Impulses in einem aus zwei Materialen bestehenden Probekörpers. Infolge des Materialübergangs findet an den Grenzflächen die mit den Fresnel Beziehungen beschreibbaren Reflexionen und Brechungen statt. Die Laufzeiten der Pulse lassen sich in optisch einfachen Materialien aus den lokalen Maxima bzw. Minima der einzelnen Pulse der Pulsfolge ermitteln.

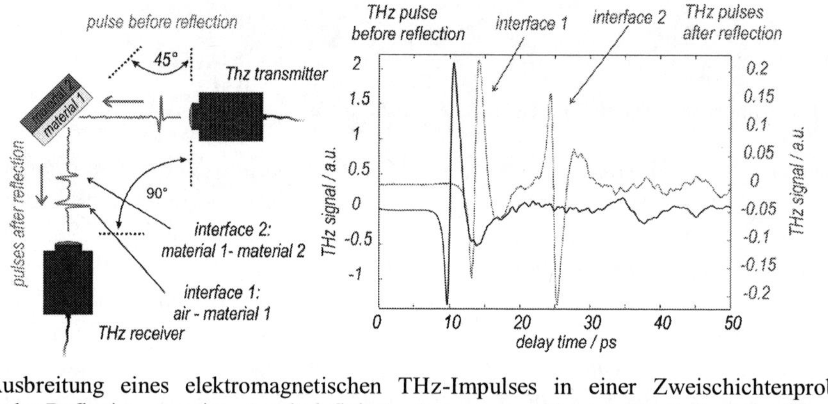

Bild 5: Ausbreitung eines elektromagnetischen THz-Impulses in einer Zweischichtenprobe; links: Darstellung des Reflexionsexperiments mit definierter Antennenposition; rechts: A-Scan des Eingangs- und Ausgangssignals.

In der Reflexionskonfiguration werden bei vorgegebener Empfängerposition die Laufzeit des ersten Impulses vom Abstand des Senders zur Probenoberfläche und die Laufzeitdifferenz zwischen dem ersten und zweiten Impuls von dem Brechungsindex und der Dicke der ersten Materialschicht bestimmt (Bild 5 rechts). Nach diesem Prinzip lassen sich aus Reflexionsmessungen Materialdicken bzw. Tiefenlagen von planaren Fehlstellen ermitteln. In Bild 6 wird das Ergebnis eines Flächenscanexperimentes unter Verwendung der BSU für einen geschlitzten quaderförmigen Probekörper aus Polyethylen (PE) präsentiert.

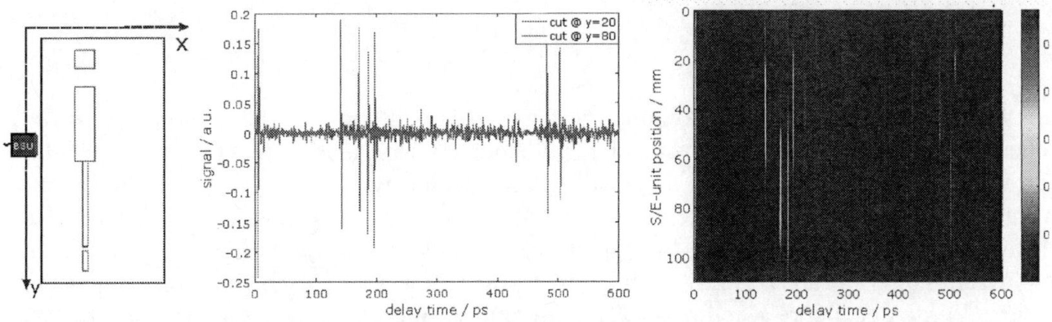

Bild 6: Flächenscan eines unterschiedlich geschlitzten Polyethylen-Testkörpers; links: PE-Quader mit unterschiedlichen Schlitzbreiten wird mit der BSU gescannt; mitte: Amplitudenverlauf des reflektierten THz-Impulses für zwei BSU-Positionen (A-Scan); rechts: aus A-scans berechnetes B-Bild. Die Farbskala beschreibt die absoluten Amplitudenwerte.

Bei diesem Experiment wird innerhalb eines Zeitintervalls von 600 ps der Amplitudenverlauf des reflektierten THz-Impulses für die entlang der y-Achse gewählten S/E –Positionen detektiert. In der Mitte von Bild 6 werden repräsentative zeitliche Amplitudenabhängigkeiten (A-Scan) für zwei unterschiedliche BSU Positionen gezeigt. Nach dem vollständigen Abtasten lassen sich B-Bilder berechnen (Bild 6 rechts), in denen die Amplituden farblich kodiert sind. Bereits die zwei A-scans zeigen charakteristische Verläufe. Der erste an der Probenoberfläche generierte Impuls bei 5 ps ist unabhängig von der S/E Position immer gleich. Unterschiede in der Impulslage findet man in einem Zeitbereich zwischen 100 ps und 200 ps sowie in der Umgebung von 500 ps. Die Unterschiede ergeben sich aus den Schlitzpositionen und Schlitzbreiten. Die BSU detektiert in der Position y=20 den dickeren und in der Position y=80 den dünneren Schlitz des Probekörpers (Bild 6 links). Die in den A-scans beobachteten Impulsfolgen sind Anzeigen für die künstlich eingebauten Fehlstellen. Bei Kenntnis des Realanteils des komplexen Brechungsindex des eingesetzten PE Materials kann aus der zeitlichen Peakpostion (ToF) des zweiten Impulses die Tiefenlage des Schlitzes berechnet werden. Im Gegensatz zum US-Experiment offenbaren THz-Untersuchungen weitere Reflexe. Direkte Aussagen zu den Dicken planarer Fehlstellen anhand der weiteren Impulspositionen im ToF-Experiment sind nicht immer unmittelbar möglich und werden gerade dann schwierig, wenn Multischichtsysteme untersucht werden. Trotzdem ist es möglich, bei einer Signalanalyse unter Verwendung des Optical Layer Rekonstruktionsmodells (OLR Model) Tiefenlagen und Dicken planarer Diskontinuitäten zu berechnen [9]. Der Vorteil der BSU besteht vor allem in der Möglichkeit, zylinderförmige Testkörper so zu scannen, dass der Einstrahlwinkel in Bezug zur Flächennormale null Grad beträgt. Bild 7 präsentiert das B-Bild eines PE Zylinders mit eingebrachten Fehlstellen, die als würfelförmige Quader unterschiedlicher Größe beschrieben werden können.

Das B-Bild in Bild 7 zeigt nur an wenigen Positionen stark ausgeprägte Amplitudenreflexe und die von der Objektoberfläche gleichmäßig verursachte erste Reflektion des eintreffenden Impulses. Der leicht wellenförmige Verlauf der Amplitudenline ergibt sich aus der Positionsungenauigkeit der Zylindermitte bezüglich der Drehachse des Manipulators. Die punktförmig angeordneten lokalen Maxima im relativen Laufzeitbereich um 500 ps werden von der vorderen Würfeloberfläche verursacht. Eine Position der Fehlstelle in Bezug zur Zylinderoberfläche kann berechnet werden. Die sich anschließenden lokalen Maxima zwischen 550 ps und 800 ps werden von der Würfelrückwand verursacht. Die Laufzeitabstände zwischen dem zweiten und dritten Reflex korrelieren mit der Würfeldicke. Der B-Scan in Bild 7 verdeutlicht die Drehung der Probe im Uhrzeigersinn, beginnend mit der größten Fehlstelle. Die Ausdehnung (Würfelbreite) der planaren Flächen konnte nicht nachgewiesen werden, was zeigt, dass Impulse mit signifikanter Amplitude nur im Fall der gerichteten Reflexion zu beobachten sind. Diese ist bei planaren Fehlern unabhängig von deren Ausdehnung. Sie sind im dokumentierten Fall genau dann zu detektieren, wenn die Flächennormalen der Zylinderoberfläche und der Würfelfläche in Bezug zur BSU-Einstrahlrichtung übereinstimmen. In allen anderen Fällen wird der einfallende Strahl von den inneren Würfelflächen so reflektiert, dass der reflektierte Strahlenanteil außerhalb des Sichtfeldes des Detektors liegt. Die Ergebnisse verdeutlichen aber, dass mit der ToF Methode ein einfaches Verfahren zur zuverlässigen Bestimmung von Ortslagen von Ungänzen vorliegt. Werden genauere Kenntnisse zur Lage und Größe von Ungänzen verlangt, bedarf es der TD-SAFT Rekonstruktion sowie einer dementsprechenden weitaus umfangreicheren Messmethodik.

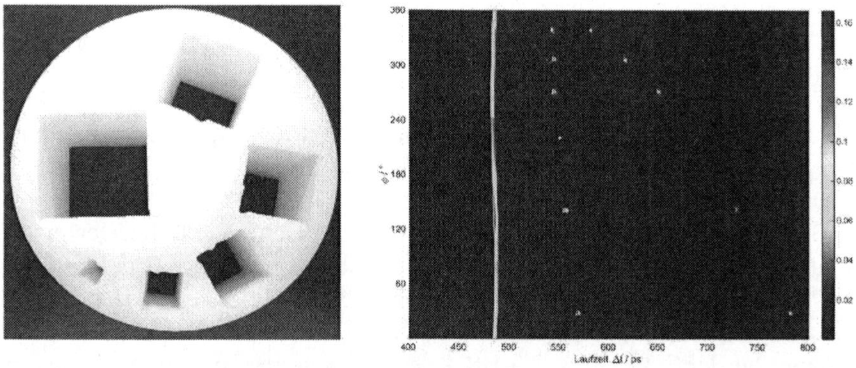

Bild 7: B-scan eines PE-Zylinders mit künstlich eingebrachten Fehlstellen; links: photographische Aufnahme; rechts: B-Bild mit farbskalierten Amplituden.

5. Ergebnisse – THz - SAFT

Bild 8 zeigt das Ergebnis einer THz-TDS-Messung an einem PE-Testkörper mit künstlich eingebrachten Fehlstellen. Voraussetzung für die Rekonstruktion sind Kenntnisse zum Reflexionsverhalten in Abhängigkeit von vorgegebenen S/E Positionen. Zu diesem Zweck wurde der Probekörper mit der BSU anfänglich gescannt. Die detektierten Daten können anfänglich wie bei der ToF als B-Bilder dargestellt werden (Bild 8 mitte, Bild 8 rechts).

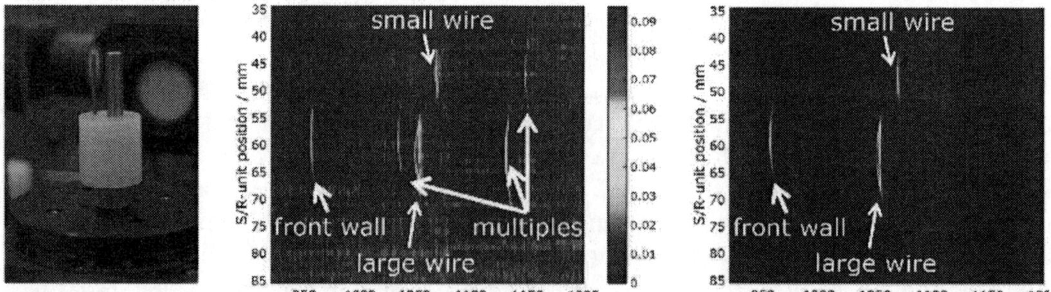

Bild 8: B-Bild (rechts) für einen vorgegebenen S/E –Positionsbereich eines mit der BSU gescannten PE-Testkörpers (links). Mit Hilfe eines Entfaltungsverfahrens wurden multiple Reflexe aus dem ursprünglichen B-Bild (mitte) herausgerechnet, um die Artefakte in der Rekonstruktion zu minimieren.

Mit Hilfe des oben beschriebenen SAFT-Algorithmus lassen sich aus den A-scans von 72 unterschiedlichen Winkelpositionen die in Bild 9 präsentierten Tomogramme rekonstruieren.

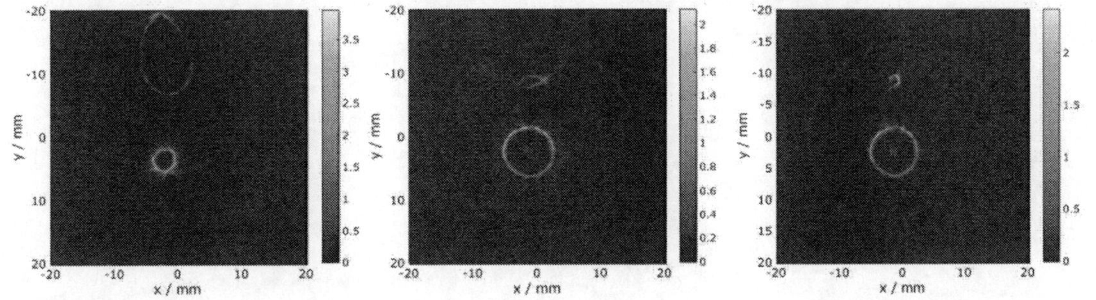

Bild 9: Aus der SAFT-Rekonstruktion berechnete Tomogramme des Testkörpers von Bild 7; links: SAFT mit n=1; mitte: SAFT mit n=1.5; rechts: TD-SAFT-Rekonstruktion

Wie in Bild 9 zu sehen, zeigen die links und mittig dargestellten Tomogramme die künstlich eingebrachten Fehlstellen nur teilweise und wenn, nicht in den richtigen Dimensionen an. Das liegt in der stark vereinfachten Annahme der Existenz eines Rekonstruktionsraumes mit nur einem Medium. Diese Annahmen dürfen im Gegensatz zum Ultraschall für die THz-Rekonstruktion nicht getroffen werden. Erst mit der Einführung eines speziellen Rekonstruktionsraums, in dem die Existenz unterschiedlicher Impulslaufzeiten beachtet wird, führt zu einem befriedigenden Ergebnis (Bild 9 rechts). Das als TD-SAFT bezeichnet Verfahren ist in [8] detaillierter beschrieben worden.

6. Zusammenfassung

Zeitaufgelöste THz-Systeme sind für die zerstörungsfreie und berührungslose Prüfung dielektrischer Bauteile prädestiniert. Das Potential, Laufzeiten und Amplituden des sich ausbreitenden elektrischen Impulses gleichzeitig messen zu können, bietet einen wesentlichen Vorteil gegenüber anderer THz-Messverfahren. Mit ihnen lassen sich optische Materialeigenschaften über die Fouriertransformation der Zeitsignale leicht bestimmen. Vor allem die Kenntnis zur Ausbreitungsgeschwindigkeit (Realanteil des komplexen Brechungsindex) ermöglicht die Umrechnung von Laufzeiten in geometrische Größen.
Die genaue Laufzeitbestimmung von Impulsen gestatte ihre Verwendung zur einseitigen Inspektion. Die Signalanalyse der reflektierten Impulskette macht die Berechnung von Tiefenlagen von Ungänzen im PE möglich. Unter Verwendung von THz-OLA können aus den reflektierten Impulsfolgen Dickenabschätzungen von planaren Fehlstellen, wie z.B. Risse oder Delaminationen bestimmt werden. SAFT-Rekonstruktionsalgorithmen basieren auf Laufzeitbestimmungen, die mit der THz-TDS detektiert werden können. Die dimensionsgerechte Rekonstruktion von gescannten Objekten erfordert jedoch im Gegensatz zum Ultraschall Verfahren Kenntnisse zur Verteilung der Laufzeiten im Rekonstruktionsraum. Dies wird in der TD-SAFT berücksichtigt. TD-SAFT bietet zudem den Vorteil einer SNR-Verbesserung um den Faktor 4.

Referenzen:

[1] DIN 5031 Teil 7, *Strahlungsphysik im optischen Bereich und Lichttechnik; Benennung der Wellenlängenbereiche*. 1987.

[2] D. van Mechelen, "An Industrial THz Killer Application?," Nov. 2015.

[3] S. S. Dhillon, M. S. Vitiello et al "The 2017 terahertz science and technology roadmap," *J. Phys. D. Appl. Phys.*, vol. 50, no. 4, p. 043001, Feb. 2017.

[4] D. H. Auston, K. P. Cheung, and P. R. Smith, "Picosecond photoconducting Hertzian dipoles," *Appl. Phys. Lett.*, vol. 45, no. 3, pp. 284–286, Aug. 1984.

[5] S. Wang and X.-C. Zhang, "Pulsed terahertz tomography," *J. Phys. D. Appl. Phys.*, vol. 37, no. 4, pp. R1–R36, Feb. 2004.

[6] M. Spies and W. Jager, "Synthetic aperture focusing for defect reconstruction in anisotropic media," *Ultrasonics*, vol. 41, no. 2, pp. 125–131, 2003.

[7] C. H. Samuel, "3-D Terahertz Synthetic-Aperture Imaging and Spectroscopy," Portland State University, 2013.

[8] H. Spranger, J. Beckmann, and R. Boehm, "THz-ToF techniques for the detection of inherent discontinuities in dielectric materials based on a SAFT – and an optical layer reconstruction algorithm," in *DGZfP-Proceedings*, 2016, vol. 158, pp. 1–10.

[9] H. Spranger and J. Beckmann, "THz – ToF Optical Layer Analysis (OLA) to determine optical properties of dielectric materials," 2017, p. 120002.

Mikrowellenbasiertes Prozessmonitoring von Aushärtungsvorgängen bei der Herstellung von GFK-Bauteilen

Jannis GROH [1], Mehdi JAVDANITEHRAN[2] und Jan SCHÜR[1]
[1] Lehrstuhl für Hochfrequenztechnik, Friedrich-Alexander Universität Erlangen-Nürnberg, Erlangen
[2] Institute of Polymer Materials and Plastic Engineering, TU Clausthal, Clausthal
Kontakt E-Mail: jannis.groh@fau.de

Kurzfassung

Die Qualität von GFK-Bauteilen hängt wesentlich vom Verarbeitungsverlauf der Matrix während der Aushärtung ab. Die genaue analytische Prozessführung gestaltet sich aufgrund der komplexen Zusammenhänge zwischen Geometrie und Reaktionskinetik schwierig und lässt sich nur begrenzt auf reale Systeme übertragen. Daher ist eine Online-Überwachung notwendig, um eine hohe Qualität sicher zu stellen.

Im hier betrachteten Anwendungsfall von 2-Komponenten-Matrix-Systemen erfolgt die Aushärtung nach der Vermischung von Harz und Härter als temperaturabhängige exotherme Vernetzungsreaktion. Dabei verknüpfen sich Reaktionspartnermoleküle zu dreidimensionalen Netzwerken, was eine Verringerung der molekularen Beweglichkeit hervorruft. Die Messung der sich entsprechend ändernden dielektrischen Eigenschaften im GHz-Bereich ermöglicht somit einen Rückschluss von der Permittivität auf den Aushärtegrad der Matrix. Durch die lokale Messung von Temperatur und Aushärtegrad an kritischen Stellen einer Faserverbundstruktur, kann ungleichmäßigen Wärmeentwicklungen in Abhängigkeit des Aushärtegrades entgegen gewirkt werden und eine gleichmäßigere und reproduzierbare Aushärtung ohne lokale Überhitzungen und thermische Verspannungen erreicht werden.

Für die Charakterisierung von dünnen aushärtenden Matrixproben ohne Fasern wurde ein offener Resonator verwendet, welcher für hoch präzise Permittivitätsmessungen von sehr dünnen und verlustarmen Proben geeignet ist. Zur Messung der Aushärtung von dickeren GFK-Proben, wurde ein quasioptischer Transmissionsaufbau verwendet. Die separate Vermessung der luft-, faser- und faser-matrix-gefüllten Reaktionskammer ermöglicht durch die Anwendung einer erweiterten Rayleigh Mixing Formel den Rückschluss auf die dielektrischen Eigenschaften der Matrix. Um gezielt den Aushärtegrad sehr lokal im Inneren einer Struktur zu bestimmen, wurde ein neuartiger draht- und chiploser Sensor entwickelt, mit dem Permittivität und Temperatur lokal erfasst werden können.

Die Messergebnisse der aushärtenden Matrix bei unterschiedlichen Temperaturen zeigen bei allen drei Messmethoden eine sehr gute Übereinstimmung im Vergleich mit dem, durch DSC-Messungen bestimmten Aushärtegrad und eignen sich somit bei passender Probengeometrie sehr gut für das Prozessmonitoring.

Mikrowellenbasiertes Prozessmonitoring von Aushärtungsvorgängen bei der Herstellung von GFK-Bauteilen

J. Groh[1], M. Javdanitehran[2], J. Schür[1]

[1] Friedrich-Alexander Universität Erlangen-Nürnberg (FAU)
Institute of Microwaves and Photonics (LHFT)
www.lhft.eei.fau.de
jannis.groh@fau.de

[2] TU Clausthal
Institute of Polymer Materials and Plastic Engineering (PuK)
www.puk.tu-clausthal.de

05.04.2017

Gliederung

- Grundlagen
- Motivation
- Angewendete dielektrische Prozessmonitoringmethoden
  - Offener Resonator
  - Freistrahl Messaufbau
  - Drahtloser Sensor
- Zusammenfassung
- Ausblick

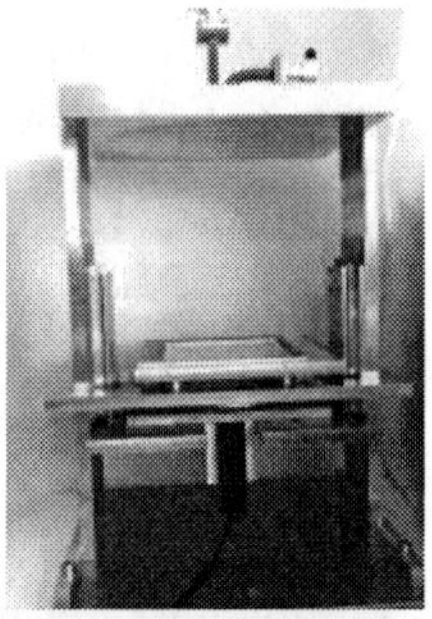

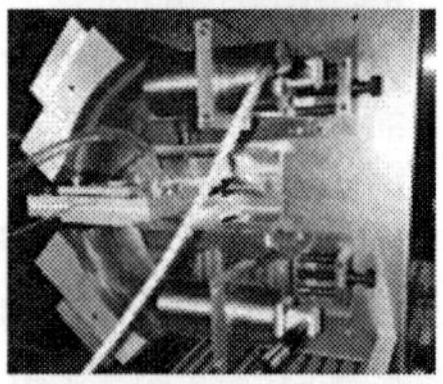

J. Groh 05.04.2017 ©LHFT, Prof. Dr.-Ing. Martin Vossiek

Grundlagen

FRIEDRICH-ALEXANDER UNIVERSITÄT ERLANGEN-NÜRNBERG
FACULTY OF ENGINEERING

Aufbau von Faserverbundwerkstoff

Faser
- Festigkeit
- Steifigkeit
- Drapierfähigkeit
- Ermüdungsverhalten
- Energieaufnahme

Matrix
- Kraftübertragung
- Formgebung
- Oberflächenbeschaffenheit
- UV-Beanspruchung
- Wärmeformbeständigkeit

Duroplaste Thermoplaste

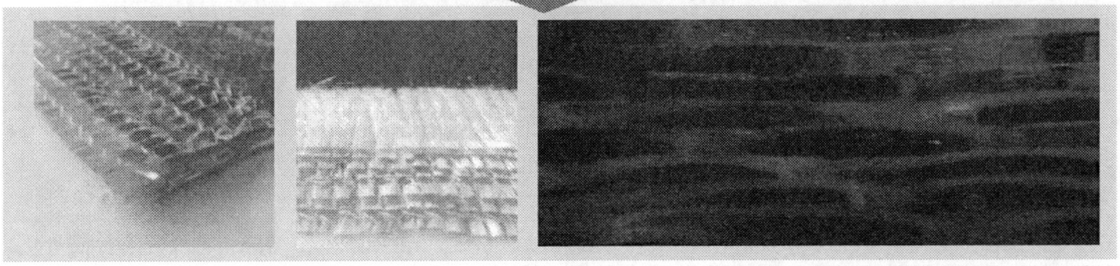

J. Groh 05.04.2017 ©LHFT, Prof. Dr.-Ing. Martin Vossiek 3

Grundlagen

FRIEDRICH-ALEXANDER UNIVERSITÄT ERLANGEN-NÜRNBERG
FACULTY OF ENGINEERING

Aushärtung einer duroplastischen Polymermatrix

Vermischung von Harz und Härter
↓
Temperaturabhängige, exotherme Vernetzungsreaktion
↓
Bildung eines dreidimensionalen, festen Gitters

Zunehmende Vernetzung kleiner Reaktionspartnermoleküle
↓
Verringerte molekulare Beweglichkeit und Polarisierbarkeit
↓
Verrinerung der Permittivität ε_r und des Verlustwinkels $\tan\delta$

Schematische Darstellung der Vernetzungsreaktion:

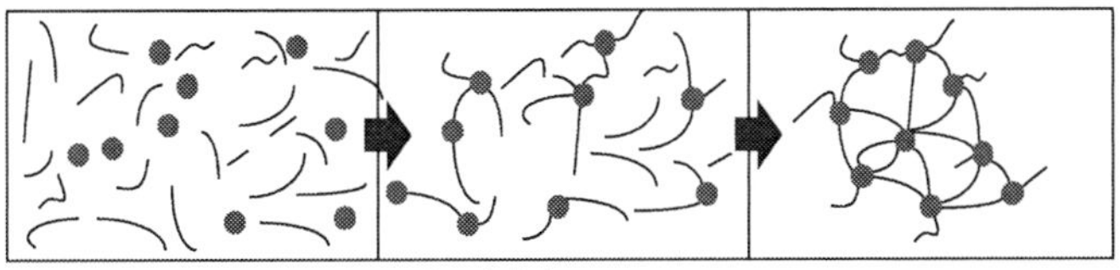

Aushärtung ⟶

⟶ Detektion über Änderung der Polarisierbarkeit des entstehenden Gitters

⟶ Messung der dielektrischen Eigenschaften im GHz-Bereich

J. Groh 05.04.2017 ©LHFT, Prof. Dr.-Ing. Martin Vossiek

Grundlagen

FAU FRIEDRICH-ALEXANDER UNIVERSITÄT ERLANGEN-NÜRNBERG FACULTY OF ENGINEERING

Problematik bei der Aushärtung einer duroplastischen Polymermatrix

Temperaturabhängige, exotherme Vernetzungsreaktion

Geringe Temperaturleitfähigkeit von Matrix und Fasern

↓

Entstehung eines Lawineneffekt und ungleichmäßiger Temperaturverteilungen

↓

Materialverspannungen durch Temperaturunterschiede, ungleichmäßige Aushärtung, mögliche Zersetzung der Matrix bei Temperaturmaxima

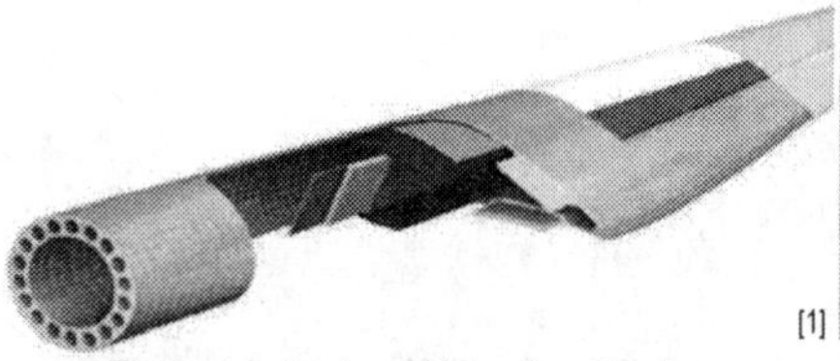

Rotorblatt einer Windkraftanlage

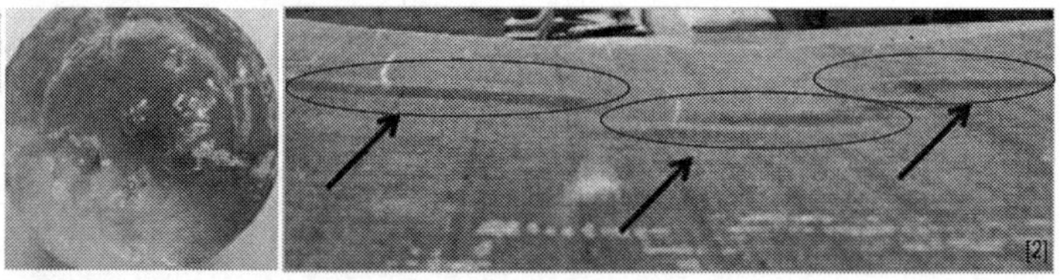

Verbrennung und Wellenbildung durch lokale Temperaturmaxima

J. Groh 05.04.2017 ©LHFT, Prof. Dr.-Ing. Martin Vossiek 5

Motivation

FAU FRIEDRICH-ALEXANDER UNIVERSITÄT ERLANGEN-NÜRNBERG FACULTY OF ENGINEERING

- **Optimierung durch Prozessmonitoring und Regulierung während der Aushärtung:**

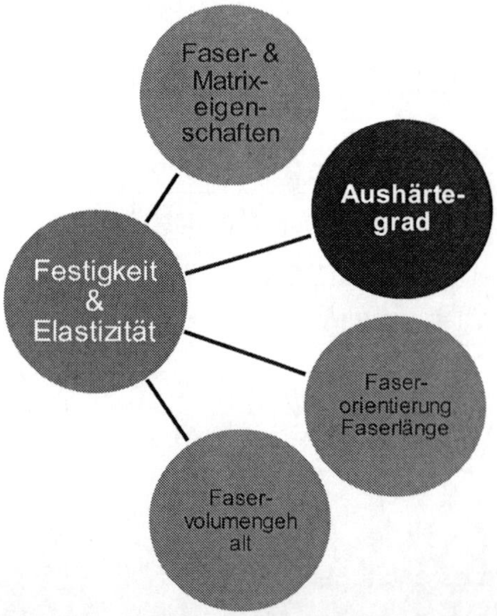

Qualität:

- Uniforme Aushärtung
- Kontrollierbarer Aushärtegrad
- Mechanische Eigenschaften

Zeit & Kosten:

- Taktzeit
- Entformungszeit
- Ausschuss
- Auslastungsgrad der Anlagen

J. Groh 05.04.2017 ©LHFT, Prof. Dr.-Ing. Martin Vossiek 6

Motivation

Prozesskontrolle

- Messung der Permittivität und Temperatur der reagierenden Matrix
- Bestimmung des Vernetzungsgrades
- Regelkreis zur Kontrolle und Anpassung der Temperatur

Ziele der Prozesskontrolle

- Kontrollierbare Vernetzungsgrade
- Gleichmäßigere Aushärtung
- Vermeidung von Hotspots
- Bessere Reproduzierbarkeit
- Optimale Taktzeiten

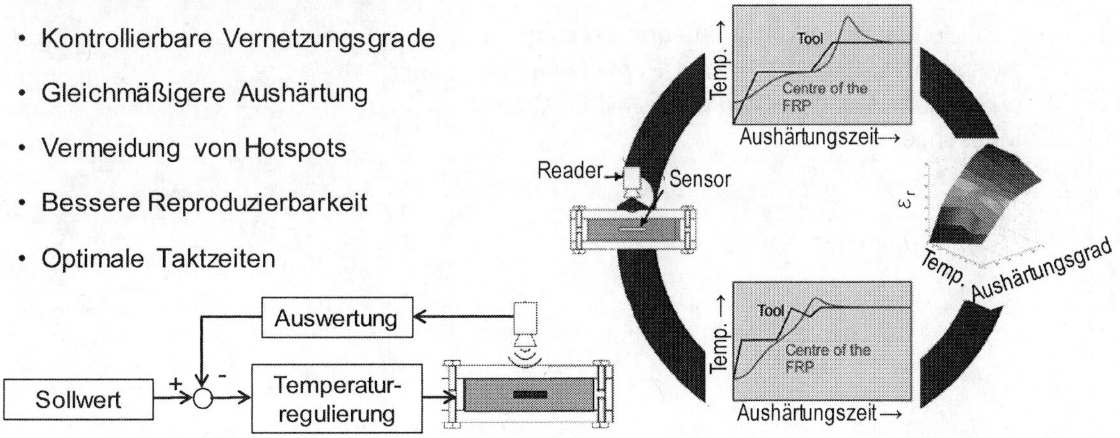

Cure-Monitoring mit offenem Resonator

Hemisphärischer offener Resonator

- Sehr präzise Charakterisierung von verlustarmen, dünnen ein- und mehrschichtigen Proben
- Auswertung der Resonanzänderung in Abh. von Ort, Dicke und komplexer Permittivität der Probe
- Nutzung eines erweiterten Algorithmus zu Korrektur der Probendicke

Eckdaten:

- TEM_{0030}-Mode bei 24 GHz
- Güte ≈ 100.000
- 0,2 mm Probenhalter aus verlustarmen RO4003C
- Dicke der Probe ≈ 0,2 mm
- Messungen in Klimakammer mit konstanter Temperatur

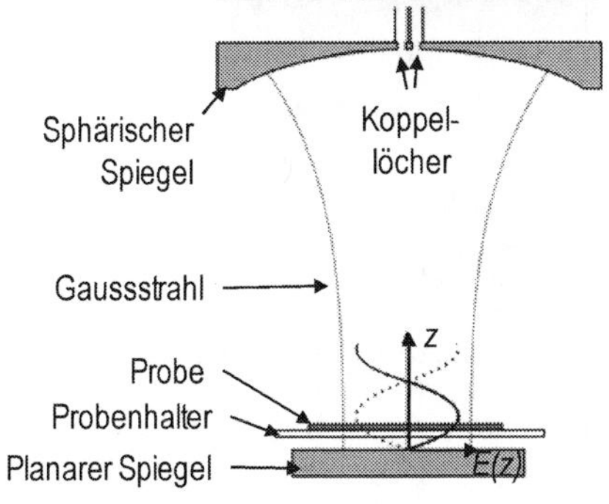

Cure-Monitoring mit offenem Resonator

FRIEDRICH-ALEXANDER UNIVERSITÄT ERLANGEN-NÜRNBERG
FACULTY OF ENGINEERING

Messergebnisse:

- Abnehmende Permittivität ε_r und Verlustwinkel $\tan\delta$ mit zunehmendem Vernetzungsgrad
- Temperaturabhängigkeit von Permittivität und Reaktionsgeschwindigkeit
- Verifizierung des direkten Zusammenhangs zwischen Aushärtegrad α und Permittivität durch Normierung und Vergleich mit DSC-Messungen:

$$\alpha = \frac{\varepsilon_\mathrm{r}(t_0) - \varepsilon_\mathrm{r}(t)}{\varepsilon_\mathrm{r}(t_0) - \varepsilon_\mathrm{r}(t_\mathrm{end})}$$

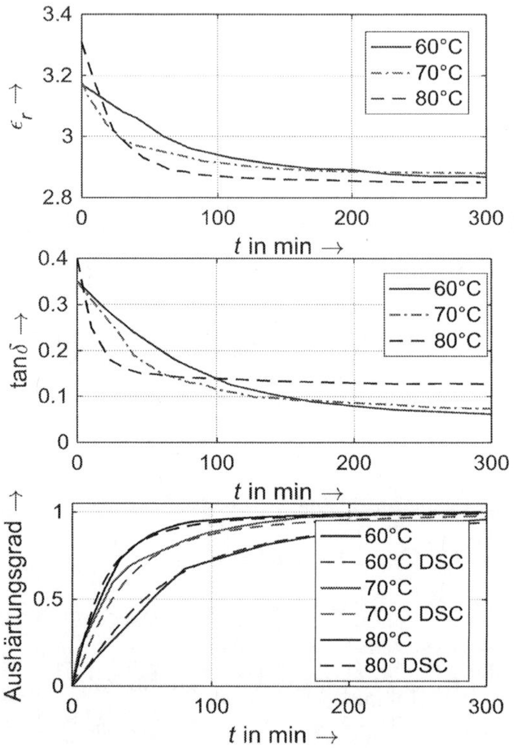

J. Groh 05.04.2017 ©LHFT, Prof. Dr.-Ing. Martin Vossiek 9

Cure-Monitoring mit Transmissionsaufbau

FRIEDRICH-ALEXANDER UNIVERSITÄT ERLANGEN-NÜRNBERG
FACULTY OF ENGINEERING

Quasioptischer Transmissionsaufbau

- Charakterisierung von ein- und mehrschichtigen Proben
- Auswertung des Transmissionssignal in Abh. von Dicke und komplexer Permittivität der Probe

Aufbau:

- Betriebsfrequenz: 18 – 26,5 GHz
- Elliptische Spiegel zur Refokussierung in die Probenmitte
- Per Vakuuminfusion befüllbarer Probenhalter
- Dicke der Probe ≈ 4 mm
- Messungen in Klimakammer mit konstanter Temperatur

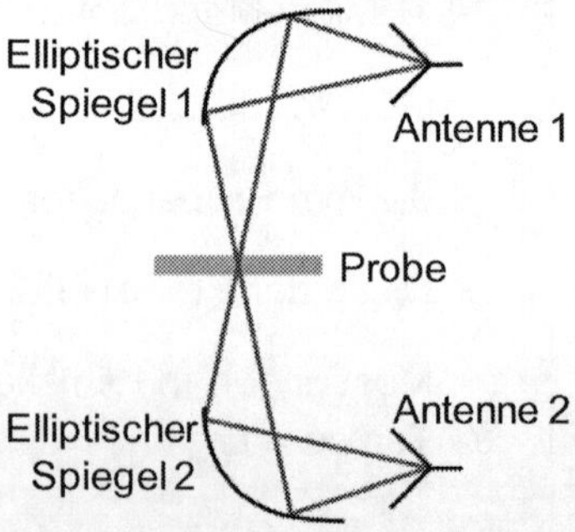

J. Groh 05.04.2017 ©LHFT, Prof. Dr.-Ing. Martin Vossiek

Cure-Monitoring mit Transmissionsaufbau

Messergebnisse GFK-Proben:

- Permittivität der Matrix nicht direkt messbar → Faser-Matrix-Mischpermittivität $\varepsilon_{\mathrm{eff}}$
- Abnehmende Permittivität und Verlustwinkel $\tan\delta$ mit zunehmendem Vernetzungsgrad
- Temperaturabhängigkeit von Permittivität und Reaktionsgeschwindigkeit
- Verifizierung des direkten Zusammenhangs zwischen Aushärtegrad und Permittivitätsmessungen durch Normierung und Vergleich mit DSC-Messungen (gestrichelt): :

$$\alpha = \frac{\varepsilon_{\mathrm{r}}(t_0)-\varepsilon_{\mathrm{r}}(t)}{\varepsilon_{\mathrm{r}}(t_0)-\varepsilon_{\mathrm{r}}(t_{\mathrm{end}})}$$

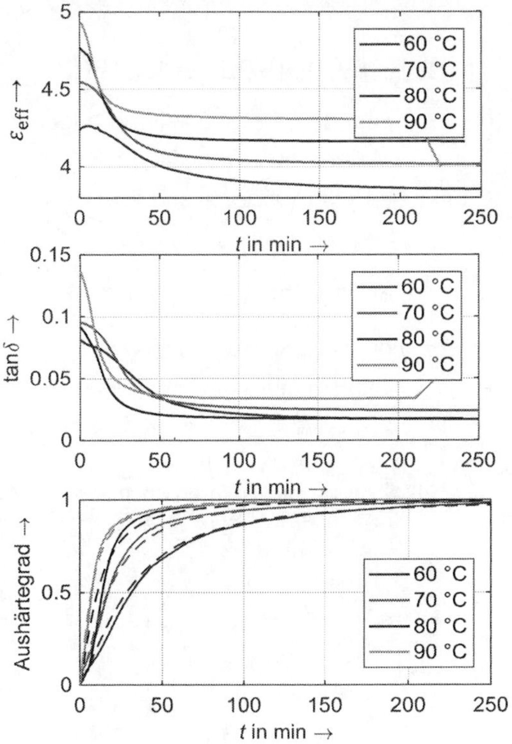

Cure-Monitoring mit Transmissionsaufbau

Messergebnisse GFK-Proben:

- Isolation der Matrixpermittivität ε_{M} mittels erweiterter Rayleigh Mixing Formel [3]:

$$\frac{\varepsilon_{\mathrm{eff}}-\varepsilon_{\mathrm{M}}}{\varepsilon_{\mathrm{eff}}+2\varepsilon_{\mathrm{M}}+\nu(\varepsilon_{\mathrm{eff}}-\varepsilon_{\mathrm{M}})} = \frac{\delta_{\mathrm{F}}(\varepsilon_{\mathrm{F}}-\varepsilon_{\mathrm{M}})}{\varepsilon_{\mathrm{F}}+2\varepsilon_{\mathrm{M}}+\nu(\varepsilon_{\mathrm{eff}}-\varepsilon_{\mathrm{M}})}$$

- Iterative Korrektur des Faservolumengehalts δ_{F} über duale Auswertung:

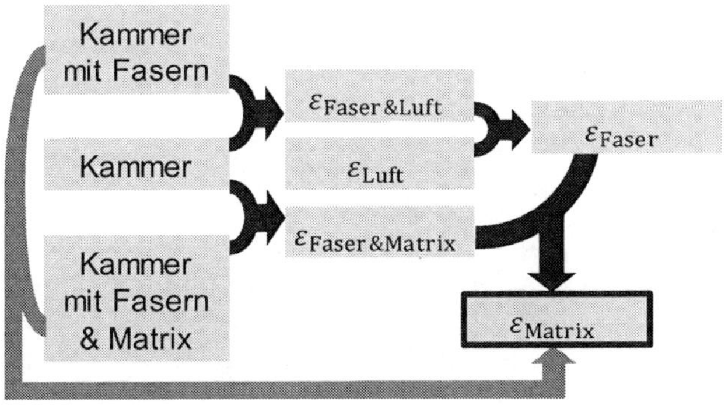

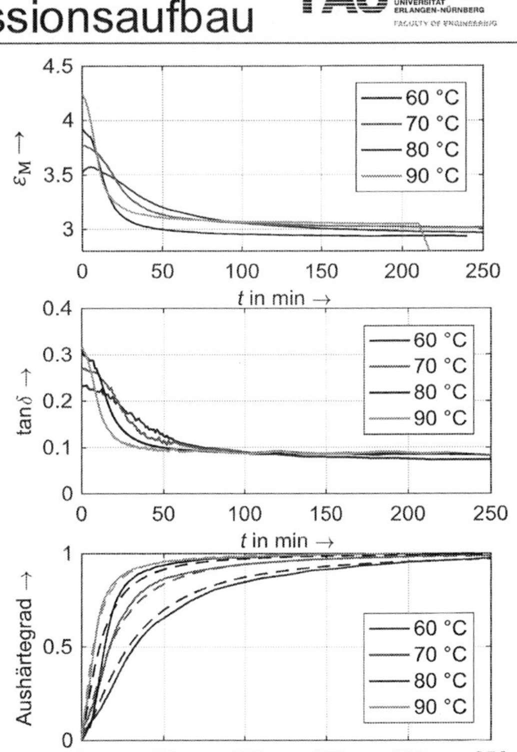

Cure-Monitoring mit drahtlosem Sensor

Einbettung von Sensoren:

- Besonders hohe Beeinträchtigung einer GFK-Struktur durch zunehmende Sensordicke (zunehmende Undulation der Fasern und Entstehung von Harztaschen)
  - → Sensorkonzept ausschließlich basierend auf Leitungsstrukturen
  - → Verwendung von dünnem HF-Substrat (2 x 0,2 mm RO4003C)
- Stripline-Struktur zur Vermeidung von zusätzlichen Interaktionen mit umgebender Matrix
- Optimierung der Anbindung
  - → Sensoroberfläche: Plasma-behandelter Lötstoplack
  - → Aussparungen in Sensor für Durchtränkung mit der Matrix

FR4-Platine mit diskreten Bauteilen:

Verwendete RO4003 Stripline-Struktur:

Entwickelter Sensor:

Cure-Monitoring mit drahtlosem Sensor

Passiver, draht- und chiploser Stripline Sensor

- Lokale Messung mit einbettbarem Sensor
- Charakterisierung eines kleinen Probenvolumens in Bohrung
- Auswertung der Resonanzfrequenz in Abh. der komplexen Permittivität der Probe
- Drahtlose Temperatur- und Permittivitätsmessung

Oberste Lage:

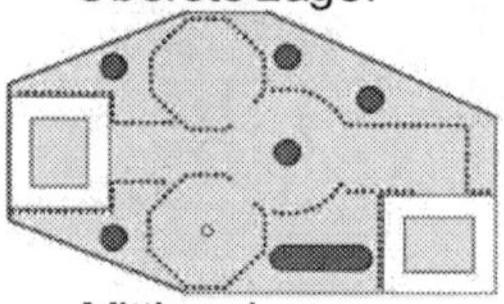

Mittlere Lage:

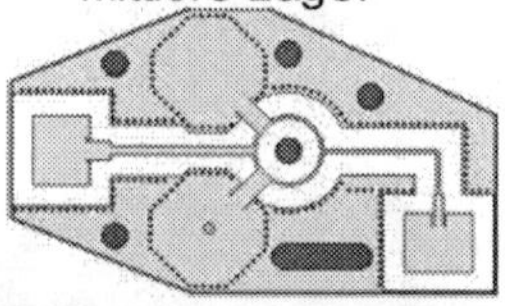

Aufbau 24 GHz Sensor mit SIW-Resonatoren:

- Orthogonal polarisierte Sende- und Empfangsantennen
- 2 SIW-Resonatoren (mit/ohne Bohrung)
  - → Beide temperaturabhängig
  - → Durchbohrter zusätzlich beeinflusst von Probenpermittivität

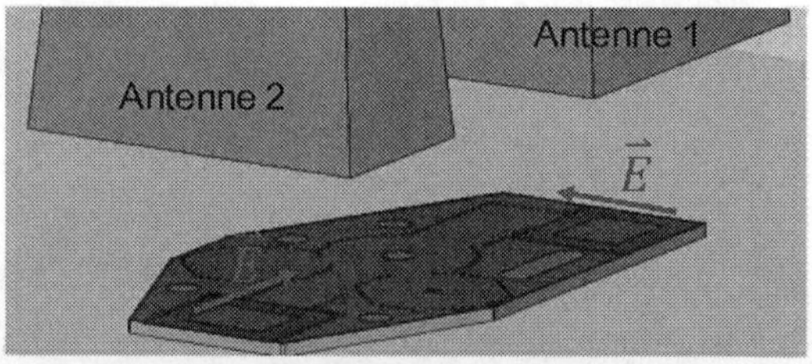

Cure-Monitoring mit drahtlosem Sensor

FRIEDRICH-ALEXANDER UNIVERSITÄT ERLANGEN-NÜRNBERG FACULTY OF ENGINEERING

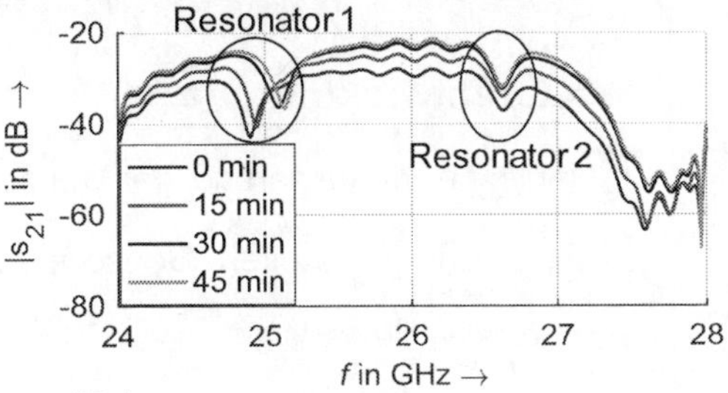

Messergebnisse bei 80° C:

- Kodiertes Übertragungsspektrum
- Auswertung beider Absorptionsresonanzen
- Konstante Außentemperatur
  → Kaum Änderungen bei Resonator 2
- Gute Übereinstimmung von DSC-Messung und normierter Änderung der Resonanzfrequenz von Resonator 1

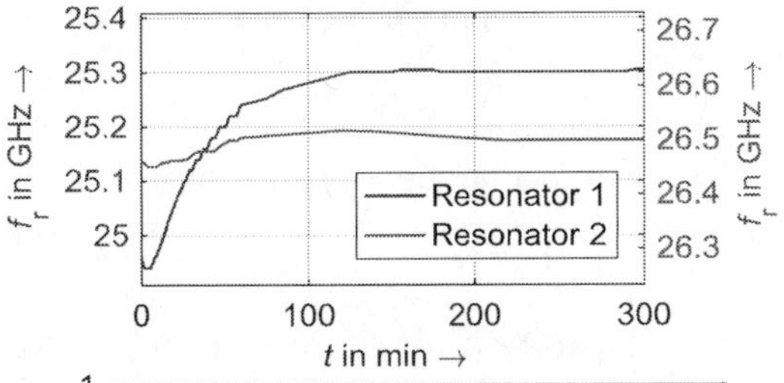

$$\alpha = \frac{f_r(t) - f_r(t_0)}{f_r(t_{end}) - f_r(t_0)}$$

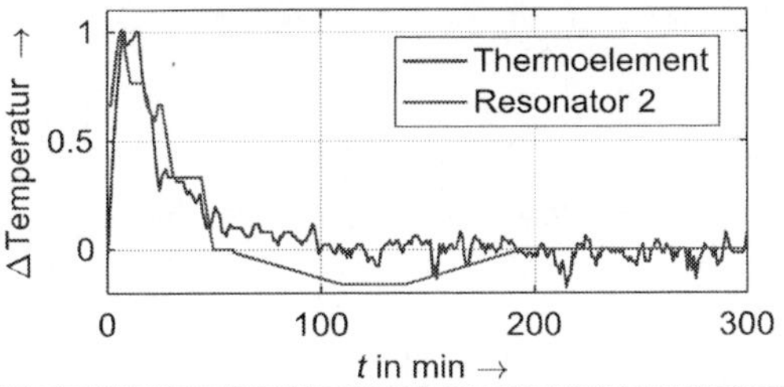

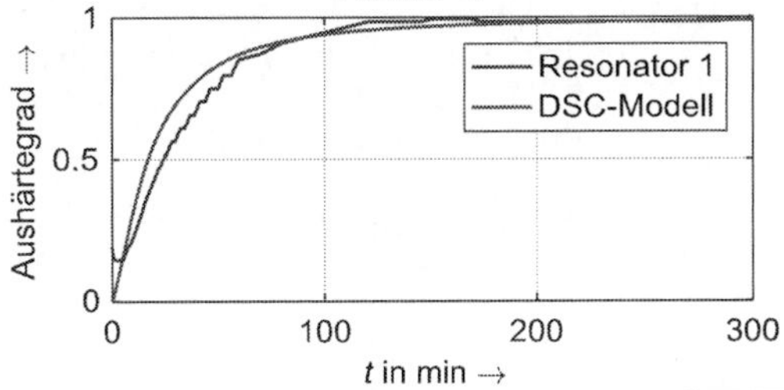

Zusammenfassung

FRIEDRICH-ALEXANDER UNIVERSITÄT ERLANGEN-NÜRNBERG FACULTY OF ENGINEERING

Dielektrisches Prozessmonitoring bei 24 GHz

- Hohe Korrelation zwischen dielektrische Matrixeigenschaften und Vernetzungsgrad
- Gute Eignung zur Überwachung und Bestimmung des Aushärtegrades
- Bereitstellung von Online-Regelgrößen zur Prozessoptimierung

Offener Resonator

- Sehr genau aber langsame Messdatenaufnahme => zeitliche Mittelung
- Nur für sehr dünne Proben (=> ohne Glasfasern) einsetzbar

Freistrahltransmissionsaufbau

- Dickere durchstrahlbare Proben (mit und ohne Fasern) => Mittelwert über Probenquerschnitt
- Schnelle Datenaufnahme
- Anfällig für geometrische Veränderungen der Probe

Drahtloser Sensor

- Sehr lokale Messung im Inneren von Strukturen => Bestimmung in Sensorebene
- Simultane Messung von Permittivität und Temperatur

Ausblick

FRIEDRICH-ALEXANDER UNIVERSITÄT ERLANGEN-NÜRNBERG FACULTY OF ENGINEERING

Weiterentwicklung der drahtlosen Sensoren

- Deutliche Verkleinerung der Sensoren zur Erhöhung der Integrierbarkeit
- Integration von weitern Sensorelementen
  - Belastungsmessung
  - Verformungsmessung
  - Fließfrontendetektion
- Implementierung von Adresselementen zur Nutzung in Sensornetzwerk
- Reduzierung der Störunempfindlichkeit auch bei tiefer Einbettung
- Nutzung für späteres Healthmonitoring
  - Detektion von Delamination und Rissen
  - Messung von Feuchtigkeit
- Erweiterungsmöglichkeiten zum Einsatz in Kohlefaserverbundstrukturen

J. Groh 05.04.2017 © LHFT, Prof. Dr.-Ing. Martin Vossiek 17

FRIEDRICH-ALEXANDER UNIVERSITÄT ERLANGEN-NÜRNBERG FACULTY OF ENGINEERING

Quellen:

[1] Gurit WIND ENERGY HANDBOOK, http://www.gurit.com/wind-energy-handbook.aspx

[2] R. Hardis, Cure Kinetics characterization and monitoring of an epoxy resin for this composite structures, 2012, http://lib.dr.iastate.edu/cgi/viewcontent.cgi?article=3615&context=etd

[3] A. H. Sihvola, "Self-Consistency Aspects of Dielectric Mixing Theories", IEEE Transactions on Geoscience and Remote Sensing, Vol. 27. No. 4, July 1989, pp 403-415.

J. Groh 05.04.2017 © LHFT, Prof. Dr.-Ing. Martin Vossiek

AUTHOR INDEX